マスタリング Okta

IDaaS 設計と運用

Lovisa Stenbäcken Stjernlöf
HenkJan de Vries

著

髙橋 基信　訳

O'REILLY®
オライリー・ジャパン

Okta Administration: Up and Running

Implement enterprise-grade identity and access management for on-premises and cloud apps

Lovisa Stenbäcken Stjernlöf
HenkJan de Vries

BIRMINGHAM - MUMBAI

日本語版の内容について、株式会社オライリー・ジャパンは最大限の努力をもって正確を期していますが、本書の内容に基づく運用結果については責任を負いかねますので、ご了承ください。

訳者まえがき

　数年前に初めてOktaという名前を聞いた時は、ネットを検索して米国では著名なIDaaSだと知る一方、日本での事例はほとんどなく、一部の外資系企業が使うサービスかなとぼんやり感じたことを記憶しています。

　それから数年がたち、国内でもあちこちでOktaという名前を聞くようになりました。一方でOktaに関する日本語情報はほとんどなく、敷居の高さを感じていました。そんな折、本書の翻訳という機会をいただき、Oktaについてのまとまった日本語情報源になればという思いもあり、引き受けさせていただきました。原文の難解さや本業の多忙もあって、当初予定よりも遅れてしまいましたが、何とか読者の皆様に本書をお届けできる運びとなり、ほっとしております。

　本書は主に管理者の視点から、Oktaの各機能について網羅的かつ具体的に解説しています。Oktaを手早く理解するために斜め読みをするといった用途から、現場でOktaを使われている方のリファレンス的な用途まで、幅広く対応できる書籍だと考えております。Okta自体は本書の翻訳中にも、様々な機能強化が図られていますが、Oktaが提供する機能の根幹を理解する日本語情報という視点で、引き続き、本書はよい手がかりとなると思います。

　本書の翻訳に際し、記載されている手順については、原則としてhttps://www.okta.com/developersから無償で利用可能なOktaの開発者版などを用いて確認を行っておりますが、一部有償版でないと利用できない機能についてはその限りではありません。この点はご容赦ください。

　また、原文はいわゆるClassic UIを前提に記載されていますが、翻訳の際は、新しいUIでの確認および画面イメージの再取得を行い、新しいUIに基づいて訳出しました。

　最後になりましたが、検証環境のご協力をいただいたOkta Japan社様、本書の編集担当であるオライリー・ジャパン社の浅見有里氏、画像編集をお手伝いいただいた前田勝嘉氏をはじめ、本書に携わった方々、関係者の方々に御礼を申し上げます。

　校正を終えて、コロナ感染者数激減のニュースを聞きつつ、SchubertのFrühlingsglaubeに想いを馳せながら……

2021年11月22日

髙橋 基信

はじめに

『マスタリングOkta：IDaaS設計と運用』は、Oktaの学習をこれから始めようとする初心者向けの書籍であり、主として社内ユーザ向けのOktaの機能について記述した。本書を読破することで、Okta orgを設定、運用するのに必要な基本的な知識を習得することができるだろう。これには、ポリシーの設定、ベストプラクティス、用語の理解などが含まれる。必要な情報を集めるだけではなく、散在する情報をつなぎ合わせ、連携して活用できるように配慮した。

本書の対象読者

本書は、Okta初心者、IAM領域の調査の一環としてOkta製品の習得を目指している技術者を対象として執筆した。特段の前提知識は必要としていないが、無償のOkta試用版を用いて本書に記載した実例を実際に試してみることをお勧めしたい。

本書の概要

「第1章：IAM（アイデンティティおよびアクセス管理）とOkta」では、OktaとOktaの各機能について俯瞰する。これは、本書を読み進める上での基礎となる知識であり、Oktaを既存のシステムと連携させて最適な状態で活用する上でも知っておくべきものである。

「第2章：UD（Universal Directory）の活用」では、Oktaの各製品を利用する上での基本となる製品であるUDについて俯瞰する。本章では、他のディレクトリとの連携に必要な各種設定、ユーザやグループの設定について紹介する。

「第3章：SSO（Single Sign-On）によるユーザ利便性向上」では、OktaのSSO機能とそれがユーザにもたらす利点について俯瞰する。OIN（Okta Integration Network）の活用方法を説明するとともに、様々なアプリケーションとの連携方式を紹介する。さらに、Oktaイニシエートとアプリケーションイニシエートによる認証処理の違いやIdPディスカバリについても説明する。

「第4章：AMFA（Adaptive Multi-Factor Authentication）によるセキュリティ向上」では、OktaのMFA機能およびAMFAによって実現される高度なMFA機能を俯瞰する。加えて、ポリシーの設

定やベストプラクティスについて紹介する。

「**第5章：LCM（Life Cycle Management）による処理の自動化**」では、ユーザの入社から退職に至るまでの過程で、これまでの章で習得してきた知識を活用する方法について俯瞰する。人事情報システムをユーザのマスタとして設定するなど、ユーザのプロビジョニングのための連携設定を説明し、さらに式言語（Expression Language）を用いたユーザプロファイルの編集について、詳細に説明する。最後に、グループを活用したオートメーションの実現やOktaのフック機能について紹介する。

「**第6章：ユーザインタフェースのカスタマイズ**」では、エンドユーザ向けの機能について俯瞰する。色やロゴの変更といったユーザのダッシュボードのカスタマイズ方法について説明した上で、さらに、ダッシュボードに関する管理者側の設定について紹介し、その中でメールやSMSといったOktaから送信するメッセージのカスタマイズ方法について説明する。最後にサインインページのカスタマイズ方法と、サインインページにウィジェットを配置する方法について説明する。

「**第7章：API管理**」では、OktaのAPI管理と外部アプリケーションからのAPIアクセスの制御方式について俯瞰する。これらは独自APIとOktaのAPI両方に加え、独自に開発したOpenIDアプリケーションのアクセス制御に適用することができる。

「**第8章：Advanced Server Accessによるサーバ管理**」では、Okta製品の機能をサーバに適用するためのOkta製品であるAdvanced Server Access（ASA）について俯瞰する。本章では、ASAが必要とされるに至った背景から話をはじめ、ASAの設定や管理について紹介する。

「**第9章：オンプレミスアプリケーションとOkta Access Gatewayの活用**」では、最新のOkta製品であるOkta Access Gateway（OAG）について俯瞰する。多くの企業で、レガシーなオンプレミスのアプリケーションがITモダナイズの障壁となっている。Oktaのような統合ID管理機構を導入し、認証をSSO化するのであれば、すべてのアプリケーションをその傘下に収めたいところである。ここでは、OAGの概要と設定方法について説明するとともに、サンプルのアプリケーションの展開を例に、アプリケーション管理のコツをいくつか紹介する。

本書を活用する上で

本書に記載した手順や設定については、Oktaの検証環境で実際に試してみることをお勧めする。検証環境がない場合は、無償のトライアル版を活用できる。

表記上のルール

本書では、次に示す表記上のルールに従う。

太字（Bold）
新しい用語、重要な用語や画面上に表示される用語を示す。例えば、メニューの文字や、本文中に含まれるボタン名などが該当する。

一例を次に示す：

新しいトークンを生成する際は、**Create Token** ボタンをクリックする。

等幅（Constant Width）

本文中のプログラムのコード、データベースのテーブル名、フォルダ名、ファイル名、ファイルの拡張子、ファイルのパス、ユーザからの入力、Twitterのハンドル名などを示す。

一例を次に示す：

コマンドラインの先頭部分では、API呼び出しが正しく受け付けられるようにするため、-H オプションにより適切なヘッダを設定する。その後の部分で、実際のグループ作成と、作成の際に用いる詳細情報の設定を行う。

複数行からなるコード片は、次のように表記する。

```
{
  "id": "00g1emaKYZTWRYYRRTSK",
  "created": "2015-02-06T10:11:28.000Z",
  "lastUpdated": "2015-10-05T19:16:43.000Z",
  "lastMembershipUpdated": "2015-11-28T19:15:32.000Z",
  "objectClass": [ "okta:user_group" ],
  "type": "OKTA_GROUP",
  "profile": {
    "name": "West Coast Users",
    "description": "All Users West of The Rockies"
  },
```

ヒントや助言を表す。

興味深い事柄に関する補足を表す。

注意、警告を示す。

意見と質問

本書（日本語翻訳版）の内容については、最大限の努力をもって検証、確認しているが、誤りや不正確な点、誤解や混乱を招くような表現、単純な誤植などに気がつかれることもあるかもしれない。そうした場合、今後の版で改善できるよう知らせてほしい。 将来の改訂に関する提案なども歓迎する。連絡先は次の通り。

株式会社オライリー・ジャパン

電子メール　japan@oreilly.co.jp

本書のウェブページには、正誤表などの追加情報が掲載されている。次のアドレスでアクセスできる。

https://www.oreilly.co.jp/books/9784873119717

https://www.packtpub.com/product/okta-administration-up-and-running/9781800566644（英語）

オライリーに関するその他の情報については、次のオライリーのウェブサイトを参照してほしい。

https://www.oreilly.co.jp/

https://www.oreilly.com/（英語）

目　次

第1部
Okta入門

第1部では、IAMとOktaの概要とその重要性について言及した上で、Oktaの基本機能であるUD（Universal Directory）、SSO（Single Sign-On）、AMFA（Adaptive Multi-Factor Authentication）、LCM（Life Cycle Management）について順に紹介していく。

第1部は、次の章から構成される。

- 第1章：IAM（アイデンティティおよびアクセス管理）とOkta
- 第2章：UD（Universal Directory）の活用
- 第3章：SSO（Single Sign-On）によるユーザ利便性向上
- 第4章：AMFA（Adaptive Multi-Factor Authentication）によるセキュリティ向上
- 第5章：LCM（Life Cycle Management）による処理の自動化
- 第6章：ユーザインタフェースのカスタマイズ

1章
IAM（アイデンティティおよびアクセス管理）とOkta

Oktaは、企業に先進的で利便性の高いIAM（アイデンティティおよびアクセス管理/Identity and Access Management）機能を提供するプラットフォームに依存しないサービスであり、業界で広く知られている。Oktaの重要な特徴の1つが、様々なプラットフォームで動作するとともに、自身のサービスや機能を各プラットフォーム固有のソリューションと連携させてシームレスなIAM機能を提供できる点である。これにより、OktaはIAM領域でリーダとして君臨し、社内システム管理の中で、ユーザアカウント管理を簡易かつ効率的に遂行するソリューションとして重要な位置を占めるに至った。

本章では、OktaとOktaの各機能について俯瞰する。これは、本書を読み進める上での基礎となる知識であり、Oktaを既存のシステムと連携させて最適な状態で活用する上でも習得しておくべきものである。次のテーマに沿って理解を深めていこう。

- Oktaの系譜
- Oktaの概要
- Oktaの基本機能
- Oktaの高度な機能

1.1　Oktaの系譜を探る

Okta（オクタ）はSalesforceの社員であったTodd McKinnon（CEO）とFrederic Kerrest（COO）によって設立された。彼らはクラウドが大規模なビジネスに特化したものではなく、ビジネスの拡大を目論んでいる誰しもが必要とするソリューションになることを見抜いていた。2008年の不況の最中に起業し、Andreessen Horowitz社が当初の出資者の1人として2010年にOktaに投資した。2017

年にはOktaは株式上場を果たし、新規上場株としての企業価値は12億ドルに及んだ。

　Oktaという名前は、ある時点の雲量を測定する指標が元となっている。この指標では、0 oktaが「無雲（cloudless）」、8 oktaが「全天が曇り（overcast）」を意味する。Oktaは、この指標と8（ギリシア語では同音のoctaが8を意味する）の掛詞となっており、標準の認証サービスとなり、すべてのクラウド*1に対応したい、すなわち全天が曇り（8 okta）を実現したいというOkta社の思いが強く込められている。

　OktaはIAM領域に登場して以来、着実にリーダとしての歩みを進めており、ここ3年ではOracle、IBM、Microsoftといった巨人たちを押さえて首位の座を堅持している。ベンダ中立な立場を維持することで、全業種にわたる大小様々な顧客の獲得を果たした。Oktaは囲い込みや差別化を行うことなく、あらゆるアプリケーションとの接続を担保することに注力しており、顧客側で様々なソリューションの選定、設定、組み合わせを自由に行えるようにしている。

　近年のOktaは公益活動にも熱心である。「1%の誓約（1% pledge）」として、コミュニティに対して時間、製品、株式の還元を約束するとともに、各種の非営利活動に対するサポートも行っている。Oktaは起業と成長の何たるかを理解しており、2019年に行った年次のカンファレンスにおいて、IDおよびセキュリティ領域におけるスタートアップの起業と成長のため、Okta Venturesという5,000万ドルの基金を発表した。

1.1.1　IAMとOktaを理解する

　IAMは、次のような機能を提供する。

- 企業におけるユーザの役割管理
- 企業リソースに対する、コンテキストに応じたアクセス権の管理
- アクセスを許可もしくは拒否する条件の設定

これらの基本的な機能以外にも、IAMは多くの機能を提供できる。

- ユーザの入社から退職に至る全期間を通じてのライフサイクル管理
- 最良のセキュリティ技術による、企業のポリシーと規則に基づいた、必要なリソースやデータへのアクセス可否の持続的な制御

　境界型セキュリティの時代は過ぎ去った。企業が自社ネットワークと自社管理のインフラ経由のセキュアなアクセスでセキュリティを確保することは、もはや不可能である。現代は、任意の時点で任意の目的により、様々なデバイスから様々なアプリケーションに対してアクセスできることが求められている。これは、セキュリティ要件が流動的であり、日々進化していることに他ならない。

　時代遅れのディレクトリは様々なツールで置き換えられつつあり、安全な自社ネットワークの外

---

*1　[訳注] 本来の意味は雲。

でも、すべてが管理され、セキュアであり、保護されていることが求められている。これは更なる集約化をもたらすとともに、クラウドの利用に関する指針のみならず、全従業員にそれを利用させる際の管理手法の再検討をも促している。

こうして新しい時代が始まった。新しいIAMソリューションがクラウド上で誕生し、既存のソリューションはクラウドへのシフトを始めた。もちろん、これは企業が突然既存のネットワークを捨てて、すべてをクラウドに移行していくことを意味するものではない。ベンダは、オンプレミスをクラウドに接続し、連携させるための各種ハイブリッド環境構築ツールの提供をはじめた。集約化を進めることで、クラウドへのシフトは徐々にペースを上げ、企業はOktaのようなツールをIAMソリューションとして採用することの将来性を理解するに至ったのである。

1.2 Oktaの概要

ユーザやシステムの管理を単一ツール、単一ベンダで完結させることはもはや不可能である。企業内外におけるすべての領域をもれなくカバーする上では、いくつかのツールを併用するのが最適解である。

ツールを組み合わせて緊密に連携させることで、例外を許容する柔軟性を持ちながらも、ユーザ、データ、企業に有害だと考えられるものを寄せ付けない強靭さを持ち合わせた、優れたセキュリティおよび監視機能[*2]を構築し、すべてをカバーすることが可能となる。

IAMシステムとは、こうした機能を実現するパーツとツールの集合体であり、次に挙げるような機能から構成される企業のツールキット(道具箱)である。

- アプリケーションやシステムへアクセスするための情報を保持するパスワード保管機能(password vault)。**SSO(シングル・サイン・オン)**により、さらなる活用が実現する。
- ディレクトリ、アプリケーション、データベース、システム内のユーザIDの生成と管理を行うプロビジョニング機能
- システム内のデータを安全に保持するとともに、セキュアなアクセスを実現するセキュリティ機能
- 企業ネットワーク内外で発生している事象の情報を提供する多種多様なツールと連携して詳細な分析を実現する統合レポーティング機能

Oktaは、これらの機能すべてを、あらゆる業界の大企業から中小企業に至るまで、優れたコストパフォーマンスで提供することができる。

ここまで述べてきたように、Oktaの優位性はベンダ中立かつベンダ非依存のシステムであるという点にある。あらゆるアプリケーションのベンダが自身のアプリケーションをOktaと連携させて

[*2] [訳注]原文では「fine-knit layer of security and insights」。

広く展開することが可能であり、実際Oktaは6,500を超えるアプリケーションとの連携を実現している。連携先の拡大と並行して、Oktaはオンプレからクラウドへの道をより確固たるものとすべく、Okta Access Gatewayという製品をリリースした。

　ユーザ管理以外の世界に目を転じると、世界はIoT機器に溢れかえっており、IoT機器の管理は、企業のビジネスにおける非常に大きな関心事となってきている。API Access ManagementとAdvanced Serer Access（ASA）をラインアップに加えることで、Oktaはあらゆる企業のあらゆるIAM要件を満たすべく、その機能を拡充した。

　ここから、OktaにIAM領域を越える活躍を促している世の中の動向について見ていこう。

1.2.1　ゼロトラスト

　企業がオンプレから脱却し、従業員自身でいつどのようにして必要なデータにアクセスするかを決められる環境にシフトしていく中で、Oktaはゼロトラストをはじめとする先進的なコンセプトの導入を可能とする。ゼロトラストでは、常に安全で信頼されている企業ネットワークの内外に物理的あるいは論理的な存在があるという発想がないため、業務で必要なリソースにアクセスしているユーザ、ID、システム、デバイスを管理するための情報と、それらの制御が必要となる。脅威の検知と対処はこのコンセプトを実現する活動の一環となる。

　ゼロトラストの原則の1つに最小特権の原則がある。これを企業のセキュリティポリシーに組み込み、ユーザやPCに対し、ある時点であるタスクを実施するのに必要なアクセス権のみを付与することもできる。しかし、これをケースバイケースで（個々の企業リソースやファイルに対するアクセスを個別に許可、拒否といった形で）都度行うことは実態としては困難であろう。原則を理解した上で、ある程度の粒度で必要となるアクセス権を付与していくべきである。次の例を見てほしい。

- サポート担当者には、システムに対するある種の管理者アクセス権が必要であるが、最上位の管理者権限までは必要としないことが多いため、役割ベースのアクセス制御でこれを実現する。
- データベースからデータを読み出すコンピュータには、書き込み権限ではなく読み取り権限のみを付与する。これにより、攻撃者によってデータの改竄や削除が可能となるリスクを低減する。

　IAMツールを導入すれば企業がゼロトラストを実現できるというものではないが、多くの企業にとっての出発点にはなろう。IAMやゼロトラストを進めていく上で、Oktaは成熟度を4つのステージで定義している。

1.2.1.1　ステージ0：散在するアイデンティティ

　このステージの企業は、Active Directory（AD）などのオンプレのディレクトリをユーザ管理に用いていることが多い。クラウドアプリケーションが使われていることがあっても、それらはディレクトリと連携されていない。パスワードも個別に管理されており、あらゆるところで認証が求められる。セキュリティは主としてアプリケーションごとに個別に実装されている。

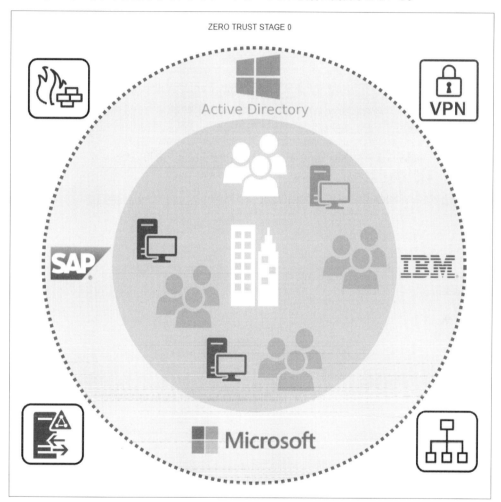

図1-1　ステージ0では、大半のサービスやデバイスは社内ネットワーク上に存在する。すべてのアプリケーションやそのアクセス制御は、ネットワークとディレクトリによって管理されている

　ユーザが企業のファイアウォールを越えて活動するようになると、誰が何に、いつどこでどのようにしてアクセスできるようにするかの制御が必要となってくる。こうして企業は次のステージへ

と移行していく。

　伝統的な企業ほど、このステージに留まっていることが多い。過去の経緯もあって古いインフラ
への依存度が高く、クラウドへの移行は緩慢である。オンプレミスのサーバ、ファイアウォールへ
の過度な依存、VPNアクセスといったものが、このステージでよく見られる。

1.2.1.2　ステージ1：統合IAM

　一度門を開いたら境界型セキュリティの世界に戻ることはない。このステージでは従業員や委託
先、パートナーからのアクセスを管理下におくことが重要となる。統合されたSSOを展開すること
で、ユーザは各アプリケーション、ポータルサイト、システムごとに強固なパスワードを作成し、
管理する責務から解放される。**MFA（多要素認証／Multi-Factor Authentication）**を実装すること
で、企業リソースにアクセスする際のユーザ認証を複数の認証要素で行うことが可能となる。認証
要素としては、次のようなものがある。

- Google AuthenticatorやOkta Verifyといったアプリケーションを用いたワンタイムパスワード
- SMSを用いたワンタイムパスワード
- 指紋認証やYubiKeyなどを用いた生体認証

ステージ1の概要を次の図に示す。

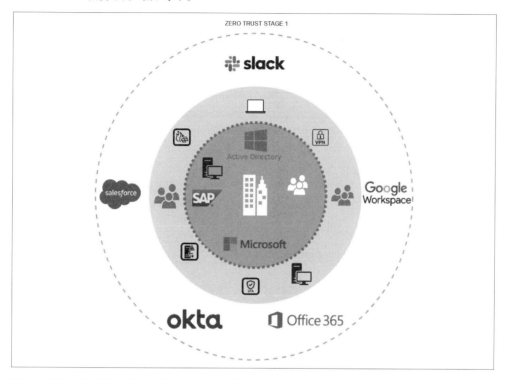

図1-2 ステージ1ではある変化が見られる。ユーザは企業リソースに外部からアクセスするようになる。少しず
つだが、SaaSが企業内へ浸透し始める。しかし、古いシステムが依然として存在しており、既存のオンプ
レシステムのアクセス管理を行っている

　このステージには、あらゆる業界の企業が存在する。クラウド移行は戦略の一部となっており、
自前の設備に加え、SaaSの利用を開始しているところも多い。これは、境界線の消失の始まりで
あり、柔軟なセキュリティと管理の必要性が高まりをみせている。

1.2.1.3　ステージ2：コンテキストに基づくアクセス

　ゼロトラストへの動きを加速していく上では、コンテキストに基づくアクセス管理の実現が大き
な要素を占めている。ユーザやユーザが所持するデバイス、その位置、システム、日付や時刻と
いった要素の把握がゼロトラストを加速する上での重要な要素である。これらを把握することで、
セキュリティチームはユーザの状態や活動を把握し、ユーザに適したきめ細かなポリシーやルール
を設定できるようになる。

　ユーザの状況を時々刻々と把握し、細かく制御する機能こそが、ゼロトラストのコンセプトに
ぴったりマッチする。自動処理こそがその柱である。セキュリティのリスク評価でこれらの要素す

べてを活用することを第一段階とすれば、それを踏まえたポリシーを策定することが第二段階である。自動処理を実現し、システムをより強靭にすることで更なる価値が生まれる。これが第三段階である。

このステージでは、企業の各システムが適切なアクセス管理機構を備えたAPIを提供し、また利用していることが多い。APIのアクセス管理機構により、システムへのアクセスを最小特権の原則に基づいたアクセスのみに限定できる。

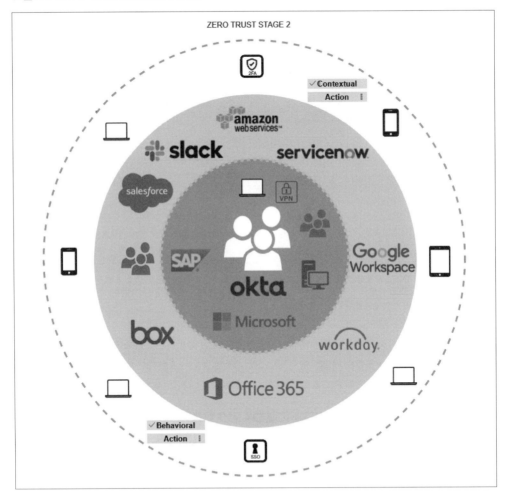

図1-3　ステージ2では、企業はクラウドサービスへの対応をより進めている。IDが新たな境界線となり、IDプロバイダが中核の要素の1つとなる。企業リソースに対する社外からのアクセスは、もはや推奨要件ではなく必須要件である

　企業はゼロトラストへの道に自らを導き、その道をひた走っていると言えよう。クラウド主導の、クラウドネイティブな、あるいはクラウド発祥の企業は、こうした機構を既に採用しており、多くがこのステージに存在する。一方、伝統的な企業でこのステージに到達した者は、長い道のりを経てきたことであろう。彼らは真に自己変革を行うことができた者たちである。

1.2.1.4　ステージ3：適応型のアクセス

　システムの自動処理が拡大すると、リスクベースの分析が可能となる。その時こそが、柔軟性の高い適応型のアクセスを実現する時である。セキュリティシステム間の連携が拡大すればするほど、セキュリティ機能全体の広範な底上げが実現する。MDM（Mobile Device Management）、CASB（Clound Access Security Broker）、SIEM（Secuirty Information and Event Management）などのサードパーティのアプリケーションからの情報が加わることで、ポリシーで利用できるユーザやデバイスのコンテキストが拡充される。

　不審な活動が検知されると、ポリシーに基づき、検知された活動に対する対応が開始される。必要に応じて追加のアクセス制御が行われることで、より強固なセキュリティが実現する。これにより、ユーザからのアクセスはシームレスなアクセス機構を活用することでより厳格に制御されることとなる。パスワードレス認証もしくは複数の要素を組み合わせた認証方式が広範に用いられ、これによりユーザはアクセス制御システムが認識したリスクに基づき、自分が何者であるかを提示するよう求められるようになる。

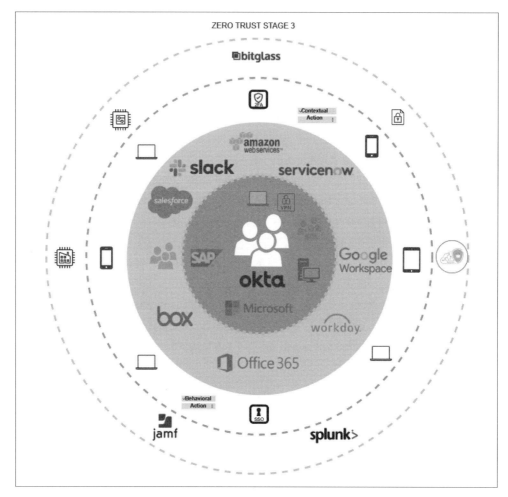

図1-4　ステージ3では、各エンドポイントとの相互接続が定常状態となる。データと情報に対するセキュリティ確保に加えて自動処理が実現する。集約されたログとAPI管理に基づき、最小特権アクセスの原則が維持される

　このステージにある企業は、この領域のトップランナーである。彼らはゼロトラストのコンセプトを理解しているだけではなく、それを実現し、自身の行動規範としている。これにふさわしいのは、グローバルに展開し、柔軟な管理を実践しているハイテク企業だけである。

　それでは、読者の企業がゼロトラストへの道の第一歩を踏み出すためには何をすればよいのだろうか？

- まずはコンセプトを理解する。
- 自社の現状を評価する。

- 維持すべき事項、変革すべき事項の確認を行った上で、移行にともなう影響の低減を図る。
- ユーザを移行する。

以上、読者の企業をゼロトラストに導いていくためのステップを紹介した。ここからは、Oktaの基本的な機能について見ていこう。

1.3　Oktaの基本機能を探る

Oktaは多くの製品を有しており、企業は必要な製品を選んで利用することができる。
主要な製品としては次のようなものがある。

- UD（Universal Directory）
- SSO
- AMFA（Adaptive Multi-Factor Authentication）
- LCM（Life Cycle Management）

ポータルサイトをみても、ある製品がどこからどこまでの機能をカバーしているのかが必ずしも明確とは言い難いため、本書の中でそれを明確化していきたい。各製品については以降の章で実践的な例を沿えて説明していくが、ここでも簡単に触れておく。

1.3.1　UD（Universal Directory）

UDはOktaの根幹をなす製品であり、ユーザとグループのディレクトリを提供する。ユーザのマスタはOktaであってもよいし、他のディレクトリや人事システムなどであってもよい。AD、LDAP、人事システムなど複数のディレクトリを持つ企業であっても、Oktaはユーザやその属性の網羅的な一覧を提供できる。ユーザをOkta上で作成したグループで分類したり、ディレクトリやアプリケーションからインポートしたりすることも可能である。Oktaの属性管理機能を用いることで、ユーザの属性ごとに異なるディレクトリをマスタすることもできる。

1.3.2　SSO（Single Sign-On）

SSOにより、連携済のアプリケーションにOkta経由でアクセスさせることが可能となる。ユーザはOktaで一度認証するだけで、割り当てられたどのアプリケーションへのアクセスも可能となる。これはSAML、WS-Federation、OpenID Connect、あるいはシンプルな**SWA（Secure Web Authentication）**などを通じて、Oktaが保持する資格情報をアプリケーションにセキュアに引き渡すことで実現されている。**OIN（Okta Integration Network）**では、6,500を越えるアプリケーションが連携可能となっており、その数は日々増えつづけている。必要とされるアプリケーションがOINに存在しない場合でも、個別に連携を行うことができる。これについては「3章　SSO（Single Sign-

On）によるユーザ利便性向上」で詳しく説明する。

1.3.3　MFA（Multi-factor authentication）とAMFA（adaptive multi-factor authentication）

　OktaのSSO製品には基本的なMFA機能が含まれており、パスワード入力に加えて何種類かの認証要素を利用するポリシーを簡単に設定することができる。基本的なIPアドレス設定を行うことで、外部の悪意を持つ者からユーザを保護するためのネットワークゾーンの定義も可能である。

　Oktaは様々なサードパーティのMFAソリューションと連携でき、OktaのMFAポリシーを用いて、既に運用しているソリューションを活用することも可能である。

　MFAの基本機能で不十分な場合は、OktaのAMFA製品が提供する高度な機能を活用することもできる。AMFAにより、MFAポリシーでコンテキストに基づく設定を行うことが可能となる。コンテキストには、位置情報、デバイスの識別情報、非現実的な移動速度[*3]などがある。Oktaのデバイス信頼（device trust）オプションにより、ユーザやデバイスに関するコンテキスト情報を提供するサードパーティのMDM製品との連携が可能となる。

1.3.4　LCM（Life Cycle Management）

　ここまで説明してきたOkta製品は、ユーザの利便性とセキュリティ向上に主眼が置かれている。一方、LCMは一言でいうと自動処理を実現する製品であり、人事部門とIT部門との間の軋轢を緩和するものである。LCMを用いることで、企業は監査業務を改善することができる。例えば、Okta上でグループ、ルール、アプリケーション連携、システムログなどの設定を行った上でアクセス権を付与することで、ユーザがいつ何にアクセスしたかを簡単に確認することができるといった具合である。またグループルールを活用することで、従業員個々人が有するアクセス権が見える化される。LCMを活用すると、企業システムでユーザを一度作成するだけで、こうした管理が実現するため、人事部門とIT部門にまたがる業務が効率化される。ユーザの作成と管理は決して簡単なことではないが、ユーザ作成の自動化により、人的ミスに起因するトラブルを低減することができる。プロビジョニング設定を時間のある時に事前に実施しておくことで、以降はユーザの認証情報とプロファイルに基づく、処理の自動実行が実現する。

　OktaのLCM機能により、アプリケーションのアクセス権を自動制御することもできる。これにより、最低限の操作で、ユーザに対して適切な役割、ライセンス、グループを付与することができる。

---

*3　［訳注］例えば東京からアクセスした5秒後にニューヨークからアクセスするなど。

1.3.5 Workflows

WorkflowsはALM（Advanced LCM）製品に含まれる機能である。Workflowsにより、様々な業務を簡単なif-thenステートメントを用いてプログラミングなしで自動化できる。Oktaは主要なクラウドサービスの多くに対応するライブラリを提供している。さらにWorkflowsは独自のAPIと連携させることもできる。Workflowsを適用可能な実例を次に示す。

- 入社、退職処理の改善
- 新規ユーザ作成時の重複チェック
- 月次レポートの共有

Oktaの基本機能でもIAM関連で一般的な日々の作業の管理が効率化されるが、特定の目的に特化した拡張機能を活用することで、システムの管理をより効率よく行うことが可能となる。

1.4 Oktaの拡張機能

IAMに通常求められる範囲を越える機能が必要な場合に備え、Oktaの拡張機能についても理解しておきたい。

1.4.1 ASA（Advanced Server Access）

ASAは、サーバアカウントのゼロトラスト化を推進する。ASAにより、OktaはGCP、AWS、Azureといったクラウドや、オンプレにあるLinuxやWindowsサーバのユーザアカウントやサービスアカウントを管理することが可能となる。管理者には、誰がどこにアクセス権があるかを一覧できる優れた機能が提供されるだけでなく、ログから各アカウントの認証状況を確認することもできる。ASAを利用する上では、管理対象の各サーバに軽量なエージェントをインストールする必要がある。

1.4.2 OAG（Okta Access Gateway）

Okta Access Gateway（OAG）により、レガシーなオンプレのアプリケーションを先進的なクラウドベースのアクセス管理に統合することができる。本製品を用いることで、すべてのIDを集中管理することができ、管理負荷が軽減されるほか、設定自体もテンプレートと定義済のオンプレ連携機能により容易に実施できる。既存のWebアクセス管理（WAM）システムを置き換えることで、アプリケーションを既存の制約から解き放たれた先進的な機構を用いてユーザに提供できるようになる。さらにMFA機能を用いることで、こうしたアプリケーションのセキュリティ強化も実現できる。

1.4.3　**API Access Management**

　OktaのAPI Access Managementを活用することで、ツール、システム、プラットフォームの開発者をOktaでセキュアに管理し、本来の業務に注力させることが可能となる。Oktaはセキュリティに加え、システムへのアクセス権付与の対象を管理し、これにより管理責任を開発者からセキュリティ運用チームへ移管することが可能となる。すぐに利用できる連携設定と認可サーバを用いた管理の集約化こそが、OktaのAPI Access Managementの中核である。

1.5　まとめ

　本章では、IAMの基本的な機能と、OktaがIAMの各要件に対して提供している機能について紹介するとともに、OktaがIAMソリューションとして台頭した背景について言及し、さらにOktaの機能と、それが多様なプラットフォーム上で機能し、企業内のユーザアカウントの柔軟な制御を実現している点についても紹介した。これらの情報すべてが、本書の内容を理解してOktaの知識を向上させるとともに、その機能を活用していく上での基礎となる知識である。

　次の章では、UDの設定と機能について紹介する。ユーザの追加やインポート手順を把握するとともに、UDを有効に活用していく上での重要な機能やポリシーについても言及する。

2章

UD
（Universal Directory）
の活用

UD（Universal Directory）はOktaの根幹であり、Oktaの各製品を利用する上での基本となる製品である。ユーザとアプリケーションは、UDの中でも扱いが非常に難しい領域であり、グループは両者を管理し、Okta orgの管理を可能な限り手をかけずに行う上で不可欠な機能である。本章では、他のディレクトリとの連携に必要な各種設定、ユーザやグループの設定について紹介する。

まずは、Oktaと既存のディレクトリとの連携から見ていこう。

次のテーマに沿って順に説明を進めていく。

- ディレクトリ連携による既存システムとの接続
- ユーザのインポートと作成
- グループ活用のベストプラクティス

2.1 ディレクトリ連携

設立間もない企業には、クラウド時代に誕生したという大きな強みがある。おそらく、利用しているのはクラウドサービスのみで、ディレクトリもアプリケーションの1つとして、おそらくはコラボレーション基盤の一部として構築されているだろう。こうした環境であれば、単にOktaを新しいID管理のディレクトリとして利用していけばよい。一方で、複数のディレクトリを何年もの間利用しており、ユーザが様々なハードウェアやシステム経由でそれらのディレクトリに接続しているという企業も少なくない。こうした企業の多くがActive Directory（AD）やLDAPから脱却できずにいる。とはいえ問題はない。Oktaは複数のディレクトリと連携し、ユーザ、グループ、属性、パ

スワードを同期させることができる。

　従来はディレクトリさえあれば事足りていたが、前述したクラウドへのシフトに伴い、企業がクラウドアプリケーションを活用する上で、この点が課題となってきている。多くのクラウドアプリケーションが独自のディレクトリを内蔵しているため、管理者が、誰がどこにアクセス権を持っているかを俯瞰することが困難となってしまっているのだ。ADやLDAPの利用を継続し、APIによる作り込みで連携を維持することも不可能ではないが、それも日々困難になってきている。

　これに代わって、Oktaの提供する標準的な連携機能を用いることで、既存のADやLDAPの利用を継続しながら、Oktaをクラウドアプリケーションと既存のディレクトリを連携させるディレクトリとして位置づけることができる。

　AD連携とLDAPディレクトリ連携は個別に実装されている。以降の節では、各連携機能のインストールおよび設定方法について紹介する。

2.1.1　AD連携

AD連携については、利用形態に応じた3つのコンポーネントが提供されている。

- Okta ADエージェント
- Okta IWA（Integrated Windows Authentication）Webアプリケーション
- Okta AD Password Syncエージェント

これらを順に見ていこう。

2.1.1.1　Okta ADエージェントによるユーザとグループのインポート

　Okta ADエージェントは、Windowsサーバにインストールされ、ADとOkta間のユーザ認証やプロビジョニングを制御する軽量のエージェントである。

　Okta ADエージェントの設定を開始するには、ADに参加しているWindowsサーバ上のWebブラウザからOktaへサインインし、管理コンソールでDirectory⇒Directory Integrationsと移動する。既にディレクトリ連携の設定を行っている場合は、それが一覧に表示されているだろう。**Add Active Directory**をクリックすると、次のようなインストール要件が表示される。

- Install on Windows Server 2008 R2 or later：Windows Server 2008 R2以上のサーバにインストールすること
- Must be a member of your Active Directory domain：ADのメンバサーバであること
- Consider the agent a part of your IT infrastructure：エージェントがITインフラに組み込まれる点を考慮すること[*1]

[*1]　［訳注］インストール画面には、エージェントをインストールしたサーバは、常時起動し、Oktaと通信できる状態を維持する必要があるため、不用意にノートPCなどにインストールしないことといった補足説明がある。

- Run this setup wizard from the host server：セットアップウィザードをOkta ADエージェント をインストールするサーバ上で実行すること*2

インストールの際は、Okta orgのURLとADの資格情報の入力が必要である。後者については、管理者権限を持つサービスアカウントの利用が望ましい。エージェントは読み取り専用の連携用アカウントを作成し、ポート443を用いたTLS接続でOktaに接続する。通常の環境では、ファイアウォールやネットワークの設定変更は不要であろう。

 Okta ADエージェントを導入するサーバにADの資格情報でサインインし、ブラウザ経由でインターネットにアクセスできることを事前に確認しておくこと。これが問題なければ、ファイアウォールやネットワークの設定変更は不要である。

Okta側では、セキュリティトークンを生成するためにOktaのSuper Administrator権限が必要である。このトークンは当該のエージェントに対してのみ有効であり、必要であればいつでも無効化することができる。設定時に作成されたトークンはOktaで認証されており、エージェントはURLに対応するSSL証明書でサービスを検証する。ドメインコントローラからみると、エージェントはインストールの際に作成された読み取り専用アカウントでサインインしている。

エージェントがインストールされ、検証されるとユーザのインポートが可能となる。Directory⇒Directory Integrationsと移動し、Active Directoryをクリックすることで、設定を行うことができる。

ページ内のProvisioningタブから右側にあるIntegrationメニューを選択する。先頭のImport settingsセクションには次の設定が存在する。

- User OUs connected to Okta：ユーザをインポートする対象となるOUの追加、削除を行うことができる。
- Group OUs connected to Okta：グループをインポートする対象となるOUの追加、削除を行うことができる。

Delegated AuthenticationセクションにあるEnable delegated authentication to Active Directoryをチェックすることで、認証の委任（Delegated Authentication）機能が有効となり、Oktaへのサインインの際のユーザ認証をADで行うことが可能となる。認証にADを使っている企業にとって、これはユーザが管理するパスワードを増やさないための簡便な方策である。ユーザは新しいことを覚える必要がないため、これはOktaへの移行を簡易に行う方策ともなる。

---

*2 ［訳注］インストール画面の説明にもあるが、これは必須要件ではない。

To Oktaメニューに移ろう。Generalセクションには次の設定が存在する。

- **Schedule import**：ユーザをディレクトリからインポートする頻度を設定する。**Never**を選択することで*3、定期的なインポートが完全に無効化され、手動でのインポートのみが可能となる。
- **Okta username format**：インポートされるユーザのユーザ名は、ここで指定したフォーマットに準拠している必要がある。準拠していないユーザはエラーとなる。

図2-1 Okta username formatの選択肢

- **JIT provisioning**：**Create and update users on login**をチェックすることで、Oktaユーザが、ADの資格情報を用いて最初にOktaにサインインする際に自動的に作成されるようになる。既存のOktaユーザについても、サインインの際にアカウントやグループの情報が更新される。
- **USG support**：**Universal security group support**をチェックすることで、グループのメンバをインポートする際に、ドメイン外のユーザも対象となる*4。
- **Activation emails**：右側のチェックボックスをチェックすることで、インポートに伴いアカウントが有効化された際にユーザへ自動送信されるメールを抑止することができる。初回インポートの際には、新しいOkta orgの設定が完了しておらず、ユーザが利用できる状態になっていないことが多いと思われるので、この設定をしておくべきであろう。

User Creation & Matchingセクションでは、ADからインポートされるユーザとOktaの既存ユーザ間での対応づけの設定を行う。これは、Oktaが同一ユーザに対して複数アカウントを作成しないようにする上で重要な設定であり、外部のアプリケーションなどに存在しているユーザをインポートする際には特に重要である。

インポートされたユーザの対応づけの方式は、次から1つ選択する。

---

*3 ［訳注］原文では**Do not import users**を選択することでとあるが、これは別の設定項目であり、用途もユーザのインポートをスキップするためのものであるため、筆者の誤認と思われる。

*4 ［訳注］USG（ユニバーサルセキュリティグループ/Universal Security Group）は、Active Directoryのグループ種別の1つで、ドメイン外のユーザやグループを含むことが可能である。

- **Okta username format matches**：Oktaユーザ名との完全一致で対応づけを行う。
- **Email matches**：メールアドレスとの完全一致で対応づけを行う。
- **The following attribute matches**：ドロップダウンリストから選択した属性との完全一致で対応づけを行う。
- **The following combination of attribute matches**：ドロップダウンリストから選択した属性ペアとの完全一致で対応づけを行う。

部分一致で対応づけを行うこともできる。これは例えば、ユーザの姓と名が一致するものの、ユーザ名やメールアドレスが一致しないといった場合に有用である。

最後に、対応づけが成立した際の挙動について定めておく必要がある。これは**Confirmation Settings**セクションで行う。

- **Confirm matched users**：対応づけが成立した際の挙動として、**Auto-confirm exact matches**と**Auto-confirm partial matches**を各々チェックすることができる。どちらもチェックされなかった場合は、各インポートについて手動で対応付けの確定処理（confirmation）を行う必要がある。
- **Confirm new users**：新規ユーザ、すなわちOkta上の既存ユーザに対応づけが行われなかったユーザの扱いについて、**Auto-confirm new users**と**Auto-activate new users**を各々チェックすることができる。どちらもチェックされなかった場合、ユーザの確定処理は管理者が手動で有効化した際に行われる。

これらの設定は必要に応じて行えばよい。

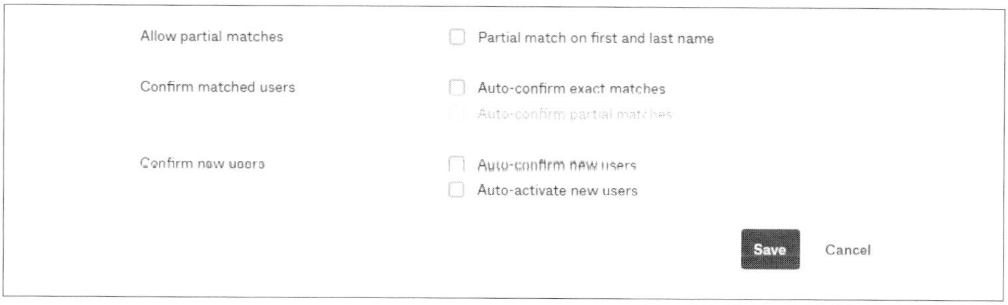

図2-2 ユーザの対応づけが成立した際の挙動に関する設定

Saveを忘れないように！

Import Safeguardセクションの設定は、インポートのミスでユーザアカウントが消失することを抑止するためのものである。ここで設定する値は、アプリケーション単位およびOkta org単位でのしきい値となる。

以上でユーザのインポートに関する設定について一通り目を通した。ここからは、**DSSO**

（Desktop Single Sign-On）に目を移そう。

2.1.1.2 Okta IWA WebアプリケーションによるDSSO

DSSO（Desktop SSO）とは、Windowsネットワークへのサインインに基づき、OktaおよびOktaに連携されたアプリケーションに対するSSOを行う機能である。DSSOの有効化には、Okta IWA Webアプリケーションが必要である。

 エージェントはSSLを利用する。これはセキュリティ的な理由だけではなく、Windows 10のユニバーサルアプリケーション（UWPアプリ）などのアプリケーション認証でも必要とされるためである。

エージェントのインストール要件は次の通りである。

- Okta ADエージェントがインストール、設定され、認証の委任が有効化されていること
- エージェントをインストールしたサーバでポート80と443が開放されていること
- OSがWindows Server 2008 R2以上であること
- .NET Framework 4.5.2以上[*5]とASP.NET 4.5がインストールされていること
- TLS 1.2が有効になっていること
- IIS 7.5以上がインストールされていること
- Okta ADエージェント 3.0.4.x以上がインストールされていること。ただし、同一サーバにインストールされている必要はない。
- 社内に複数のドメインが存在している場合は、UPN値の変更が必要となる場合がある。

IWA WebアプリケーションをインストールするにはOktaにSuper Administratorとしてサインインした上で、管理コンソールから**Security**⇒**Delegated Authentication**と移動し、**Active Directory**タブの**On-Prem Desktop SSO**セクションからエージェントをダウンロードする必要がある。インストールは次の手順に従って行う。

1. ダウンロードしたファイルをクリックして実行する。表示された画面で**Next**をクリックする。
2. アカウントの選択を求められたら、**Create or use the Okta service account**を選択し、**Next**をクリックする。
3. **Register Okta Desktop Single Sign-On**という画面で、**Production**、**Preview**、**Custom**の環境い

---

*5　［訳注］原文では4.5.2以上.NET 4.6.xまでとなっているが、これは執筆時点での最新版が4.6.xであったためと思われる。なお確認した限り、IISがインストールされていれば、必要な.NET Frameworkなどはエージェントのインストールの際に自動でインストールされた。

ずれかを選択する[*6]。ついでOkta orgのドメイン名を入力し、最後に**Next**をクリックする。

4. ここまで進むとOktaへのサインインを求められるので、Super Administratorアカウントでサインインする。

5. Okta APIへのアクセス許可が要求されるので、**Allow Access**をクリックする。

これで完了である！ **Finish**をクリックすると、直前の画面が再表示される。

2.1.1.3 AD Password Syncエージェントによるアプリケーション認証の利便性向上

前節で**認証の委任**機能について説明した。この機能を用いる限り、パスワード情報はOktaに同期されておらず、ADがOktaにサインインしたユーザの認証を実施している。しかし、時にはOktaの先にあるアプリケーションがユーザの認証にパスワードを必要とすることがある。これを実現する上では、既にインストール済のDSSOエージェントに加え、Password SyncエージェントによりAD側のパスワードの変更をOktaに同期する必要がある。エージェントをインストールすることで、ユーザがコンピュータのサインイン画面からパスワードを変更すると、パスワードがADからOktaに同期されるようになる。ユーザが同期されたパスワードを用いるアプリケーションにアクセスするためには、一度Oktaからサインアウトし、再度サインインすることが必要な場合がある。

これにより、OktaはADに入力されたパスワードを確認するとともに、ユーザにADパスワードの同期を必要とするアプリケーションが割り当てられているかを確認するようになる。ユーザにパスワードを必要とするアプリケーションが割り当てられていなかった場合、Oktaは単にパスワードを5日間キャッシュする。ユーザにそうしたアプリケーションが割り当てられていた場合、パスワードはアプリケーションに同期されるとともに、当該のアプリケーション用としてOktaにも格納される。Oktaに格納されたパスワードは5日間キャッシュされる。

エージェントのインストールを行うには、管理コンソールから**Security⇒Delegated Authentication**と移動し、**Active Directory**タブの右側の列を下にたどって、**Download Okta AD Password Sync**ダウンロードリンクをクリックしてエージェントをダウンロードする。その後のインストールは次の手順に従って行う。

1. インストールを開始し、手順に沿ってインストールを進める。

2. Okta orgのドメイン名をhttps://mycompany.okta.com形式で入力する。https://部分の入力を忘れないように！

3. インストール先を指定の上、**Install**をクリックする。完了したら**Finish**をクリックする。

4. サーバを再起動する。

[*6] ［訳注］ Production - EMEAという選択肢も表示されるが、これはGDPR対応が必要なOkta org用の選択肢であり、通常選択することはないだろう。

エージェントの設定は、サーバ上でStart⇒All Programs⇒Okta⇒Okta AD Password Sync⇒Okta AD Password Synchronization Agent Management Consoleと順にたどることで[*7]起動される管理ツールで行う。管理ツールではOkta orgのURLの検証を行うことが可能である。検証に成功した場合は、フィールド下部にURL looks good!というメッセージが表示される。必要に応じて、エージェントのログレベルを設定することもできる。

Password Syncエージェントはすべてのドメインコントローラにインストールする必要がある。認証の委任機能の有効化も忘れずに！

　ここまで、基本的なAD連携について一通り紹介した。ここからは、同様の設定をLDAPディレクトリに対して行うための設定について見ていこう。

2.1.2　LDAPディレクトリ連携

　汎用的なLDAPディレクトリ連携用として、別のエージェントが用意されている。これをインストールする手順について見ていこう。LinuxサーバかWindowsサーバかによって手順が異なるので、ここではWindows環境でのインストールを取り上げる。エージェントをインストールするサーバ上からSuper AdministratorアカウントでOktaにサインインした上で、管理コンソールからDirectory⇒Directory Integrationsと移動し、Add Directoryをクリックすると表示されるドロップダウンリストからAdd LDAP Directoryを選択する。

　AD連携の場合と同様に、最初の画面でインストール要件が表示される。要件を満たしていることを確認したら、画面下部のSet Up LDAPをクリックする。

1. Download Agentをクリックし、ドロップダウンメニューからDownload EXE Installerを選択してインストーラをサーバにダウンロードする。
2. ダウンロードしたファイルをクリックしてインストーラを起動する。エージェントからコンピュータの設定を変更する許可を求められたらYesと返答する。
3. Nextをクリックする。次の画面でライセンス規約を確認の上、再度Nextをクリックする。
4. エージェントのインストール先を確認の上、Installをクリックする。

引き続き、表示された画面で次の情報を入力する。

- LDAP Server：ホスト名とポート番号をhost:port形式で設定する。
- Root DN：ユーザやグループを検索する際の起点となるDNを設定する。

---

*7　［訳注］Windows Server 2012などの場合のメニュー。Windows 10などではメニューが若干異なる。

- Bind DN：バインドの際に用いるDNを設定する。
- Bind Password：バインドの際に用いるDNのパスワードを設定する。

Nextをクリックすると、次の画面でLDAPエージェント用のプロキシサーバを設定することができる。引き続き、Okta orgのサブドメインを入力することでエージェントをOktaサービスに登録し、Nextをクリックして、OktaのSuper Administatorアカウントのユーザ名とパスワードを入力した上でSign Inをクリックする。APIアクセスの許可を行い、最後にFinishをクリックすれば完了である！

ついでOkta側の設定を開始する。Directory⇒Directory Integrationsと移動すると、今インストールした連携エージェントが、Not yet configuredとマークされた状態で一覧に表示されているはずである。LDAPをクリックして、設定を継続しよう。

- Select LDAP Version：右にあるドロップダウンリストから適切なLDAPサーバ製品を選択することで、各フィールドの値が自動的に設定される。リスト内に適切なものがない場合は各フィールドの設定を手動で行う必要がある。まずはobjectセクションである。
- Unique Identifier Attribute：インポートされたユーザやグループに対する一意で不変（immutable）な値を保持する属性を指定する。この属性をもつオブジェクトのみがLDAPからOkta orgにインポートされる。
- DN attribute：リストからLDAP製品を選択した場合は自動的に設定される。すべてのオブジェクトが、ここで指定されたDN（Distinguished Name)配下に存在している必要がある。

ついで、userセクションの設定に移る。

- User Search Base：このフィールドにはユーザを格納するサブツリーのDNを設定する。基本的にインポートしたいユーザはこの下に格納する。
- Object Class：Oktaがインポートするユーザのオブジェクトクラスを指定する。
- User Object Filter：リストからLDAP製品を選択した場合は自動的に設定される。デフォルトはObject Classである。
- Account Disabled Attribute：ユーザの有効、無効を識別する属性を設定する。
- Account Disabled Value：アカウントの無効状態を識別する値を設定する（例えばTRUEなど）。
- Password Attribute：ユーザのパスワードを格納する属性を指定する。
- Password Expiration Attribute：これは通常真偽値であり、リストからLDAP製品を選択した場合は自動的に設定される。手動で設定する場合は、LDAP製品のドキュメントを確認してほしい。
- Extra User Attributes：オプションであり、インポートしたいユーザの属性を追加で指定することができる。

次はGroupセクションもしくはRoleセクションの設定に移る。通常は、いずれか一方のみが用いられる。Groupセクションには次の設定が存在する。

- **Group Search Base**：これは、Oktaがグループを検索する際の起点となるDNであり、通常ou=groups, dc=example, dc=comといった値となる。
- **Group Object Class**：値を指定することで、インポート対象のグループを限定することができる。例えばgroupofnames、groupofuniquenames、posixgroupといった値を指定する。
- **Group Object Filter**：Oktaのデフォルトでは、**Group Object Class**の値でフィルタを行う。
- **Member Attribute**：グループのメンバーのDNを格納する属性を指定する。
- **User Attribute**：通常、このフィールドは空であるが、posixGroupを用いる場合は、**Member Attribute**に**memberUid**を設定し、**User Attribute**に**uid**を設定することが推奨される。

Roleセクションには、次の設定が存在する。

- **Object Class**：ロールのオブジェクトクラス
- **Membership Attribute**：ロール情報を格納するユーザ属性

Validation Configurationセクションは、ここまでの設定が適切に行われていることを検証するためのものである。

- **Okta username format**：ユーザがOktaにサインインする際に用いるユーザ名の生成方法を指定する。ユーザ名はメールアドレス形式の文字列である必要がある。
- **Example username**：設定を検証するためのユーザ名を入力する。OktaがLDAP製品に対して行ったクエリに対するレスポンスが適切かどうかを確認することで、設定の妥当性を検証できる。
- **Test Configuration**をクリックすると、入力したユーザ名が適切であれば**Validation Successful!**というメッセージが返却される。

Nextをクリックし、最後に**Done**をクリックすることで、LDAP連携の設定は完了である！

ここまで、ディレクトリ連携について説明した。ここからは、ユーザおよびユーザのマスタについて見ていこう。

2.1.3　ユーザの活用

Oktaには、Oktaユーザ（Okta mastered user）、ディレクトリユーザ（directory mastered user）、アプリケーションユーザ（application mastered user）という3種類のユーザが存在し、各々に特徴がある。以下順に見ていこう。

2.1.3.1 Oktaユーザ

外部のディレクトリが存在しない場合、ユーザはOktaで作成されるためOktaユーザとなる。ユーザの作成は、管理コンソールから1名ずつ行うこともできるが、CSVファイルからのインポートやAPIによる作成も可能である。

まずはユーザを1人作成してみよう。

1. 管理コンソールでDirectory⇒Peopleと移動する。

    ユーザを追加する前に、**People**メニューの画面を見渡してみよう。上部には、**Add person**、**Reset passwords**、**Reset multifactor**といった操作へのクイックリンクがある。左側のペインでは、ユーザの総数、有効化されているユーザ数、StagedやPending user action状態のユーザ数といったユーザに関する概要情報を手軽に確認できるほか、パスワード再設定が必要なユーザやロックアウトされたユーザ数についても確認できる。中央のペインでは、ユーザが1ページあたり25ユーザずつ一覧表示されている。

2. **Add person**をクリックすると、次のようなダイアログボックスが表示される。引き続き、画面上の各フィールドについて説明する。

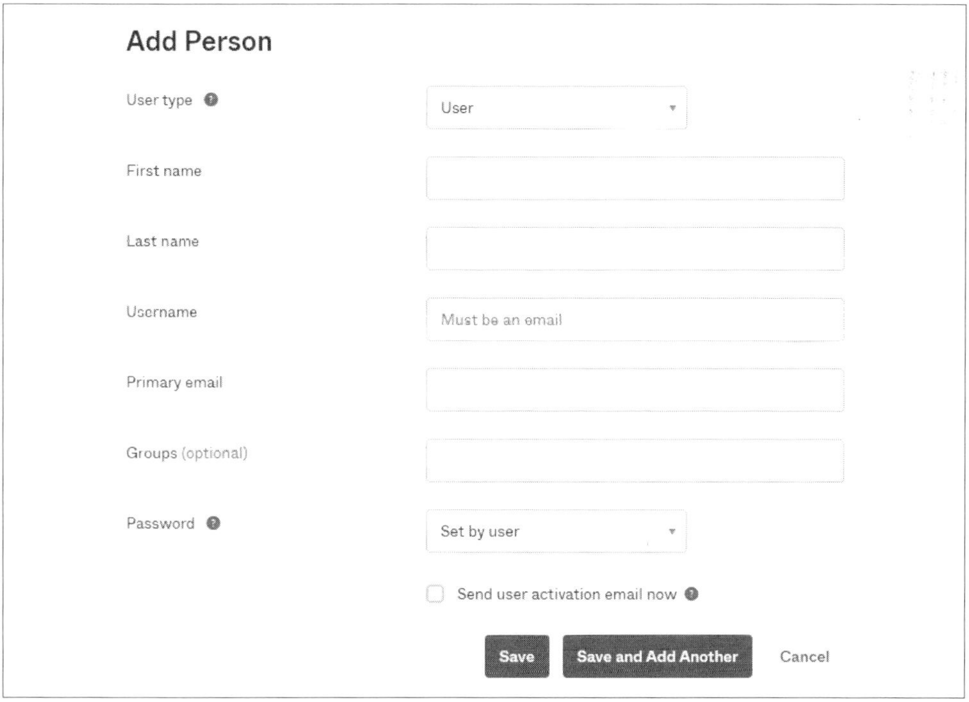

図2-3 Add Personダイアログボックス

デフォルトでは、**User type**として指定可能なオプションは**User**のみである。委託先やパートナーといったユーザ種別（User type）がOktaディレクトリで定義されていれば、それらを選択することもできる。

新規ユーザ種別の作成
ユーザ種別を作成するには、Directory⇒Profile Editorと移動し、画面上部の右側にある Create Okta User Typeというボタンをクリックする。新しいユーザ種別の名称と変数名を入力すると、デフォルトのユーザ種別であるUserにある31個の属性が継承された新規ユーザ種別が作成される。

ユーザの作成に戻ろう。Oktaユーザには次に示す4つの必須属性がある。

- **First name**：姓
- **Last name**：名
- **Username**：ユーザ名
- **Primary email**：プライマリメールアドレス

Secondary email属性を設定することもできる。これはユーザがPrimary email属性で指定したメールアドレス宛のメールを参照できない環境下でOktaユーザを再設定する際などに用いられる。

Okta orgでグループを作成している場合は、次のGroups属性でユーザを複数のグループに所属させることができる。最後のPassword属性のドロップダウンリストでは、パスワードをユーザ有効化の際に自身で入力させるか、管理者が設定するかを選択できる。後者を選択した場合は、初期パスワードの入力に加えて初回サインイン時にユーザにパスワード変更を強制させるかどうかの設定ができる。最後の設定は、ユーザにメール通知を直接送信するかどうかを選択するチェックボックスである。ここまでの設定が完了したら**Save**をクリックしよう！

別の方法として、CSVファイルからのインポートによるユーザ作成も可能である。

この方法は、多数のユーザを一度に作成する際に非常に有用である。

CSVファイルによるユーザ作成は、**Directories**⇒**People**と移動した画面にある**More Actions**というドロップダウンリストから行う。**Import users from CSV**を選択すると表示されるダイアログボックスからインポートに用いるCSVファイルのテンプレートを入手する。テンプレートのCSVファイルには多数の属性が存在しているが、**Add Person**からユーザを作成する際と同じく、最低限4つの必須

属性が存在していればよい。CSVファイルでは、属性名ではなく変数名で属性が指定されている。属性名を確認したい場合は、Profpie Editor上でOktaマスタユーザのプロファイルを確認すればよい。4つの必須属性の属性名に対応する変数名を以下に示す。

属性名	変数名
Username	login
First name	firstName
Last name	lastName
Primary email	email

　CSVファイルの作成が完了したらダイアログボックスからインポートを実行する。ファイルに問題がある場合はエラーが通知されるので、適宜ファイルを修正すること。インポートが成功したらNextをクリックする。続く画面でインポートしたユーザの扱いを確認されるので、Automatically activate new usersもしくはDo not create a password and only allow login via Identity Providerを選択する。Import Usersをクリックすると、新規追加、更新、変更されなかったユーザの一覧を確認できる。エラーが発生した場合はエラーレポートが生成されるので、ダウンロードして確認すること。前述した通り、ユーザをOktaのAPI経由で作成することもできる。詳細は「7章　API管理」を参照のこと。

2.1.3.2　属性の追加によるユーザプロファイルの拡張

　前述した通り、Profile Editor上でユーザ属性の一覧を確認できるが、ここでOktaのユーザ種別に属性を追加することもできる。Directory⇒Profile Editorと移動し、編集したいプロファイルの右にあるペンのアイコンをクリックすると属性の一覧が表示される。Add Attributeをクリックすると、次の画面が表示される。

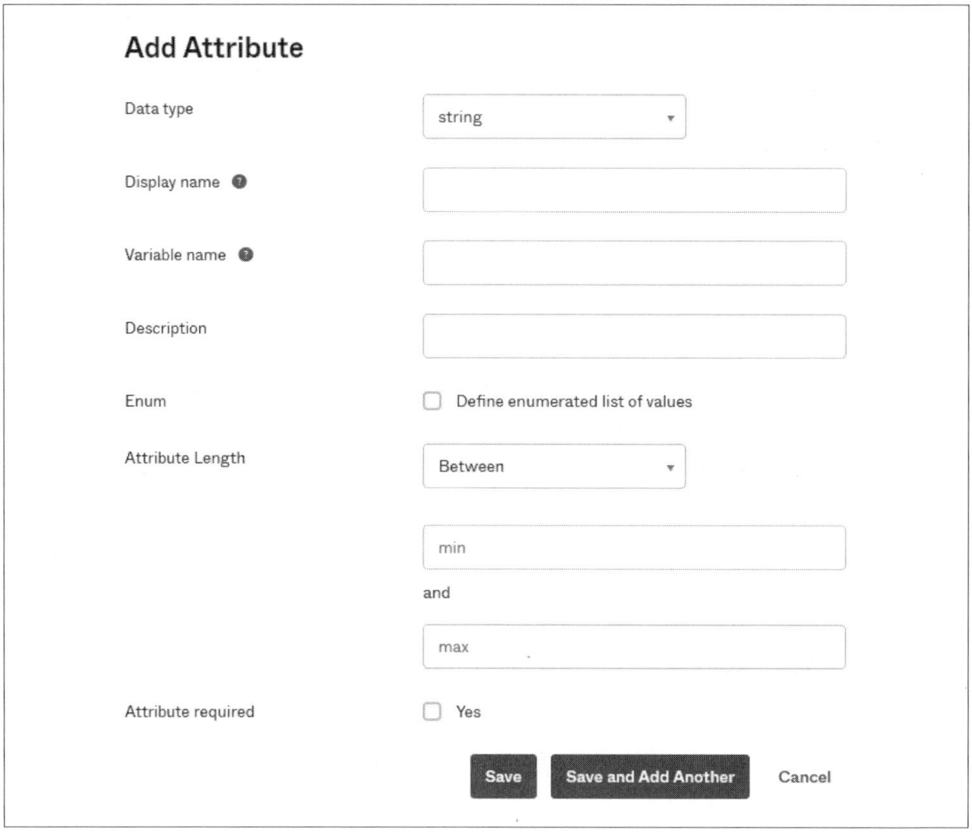

Add Attribute

Data type

```
string                          ▼
```

Display name 🛈

Variable name 🛈

Description

Enum ☐ Define enumerated list of values

Attribute Length

```
Between                         ▼
```

```
min
```

and

```
max
```

Attribute required ☐ Yes

[Save] [Save and Add Another] Cancel

図2-4　Add Attribute ダイアログ

それでは情報を入力していこう。

- **Data type**：属性の型として次のいずれかを指定する[8]。

    a. **string**：0文字以上の文字、数字、記号からなる文字列

    b. **number**：Javaの64ビット倍精度浮動小数点形式の数値

    c. **boolean**：true、false、もしくはnullをとる真偽値

    d. **integer**：Javaの64ビット整数形式の数値

    e. **string array**：string形式の配列

    f. **number array**：number形式の配列

    g. **integer array**：integer形式の配列

---

[8]　［訳注］確認した限り、上記に加えてcountry code、language code、linked objectという形式が選択できた。

- **Display name**：管理者用の表示名
- **Variable name**：対応づけなどで用いられる属性の変数名
- **Description**：属性に関する説明
- **Enum**：列挙型の配列を作成する場合にチェックする。例えばsmall、medium、largeをメンバとするT-shirt属性を列挙型で作成できる。
- **Attribute Length**：属性の最短、最長の値を設定できる。
- **Attribute required**：新規ユーザを作成する際に、この属性の入力を必須とする場合はチェックする。

設定が完了したら**Save**をクリックする。

ここまで、Oktaユーザの基本について説明した。次にディレクトリユーザについて見ていこう。

2.1.3.3　ディレクトリユーザ

Oktaをディレクトリと連携する方法については既に説明した。ここでは、それらのディレクトリをマスタとするディレクトリユーザについて説明する。なお、ユーザのマスタをADとLDAPディレクトリ以外の人事システムなどにすることも可能である。詳細については「5章　LCM（Life Cycle Management）による処理の自動化」で説明する。

ADからインポートするユーザは、指定のOU内に存在している必要がある。インポートに関する設定の確認や変更を行いたい場合は、**Directory**⇒**Directory Integration**に移動して設定したいディレクトリを選択し、**Provisioning**タブの左ペインにある**To App**と**To Okta**メニューでOktaとの連携の設定を行う。**To Okta**メニューでは、ユーザの対応づけの設定など「2.1.1　AD連携」で行った設定を確認できる。最後の**Integration**メニューでは、ユーザとグループのインポート元となるOUを設定する。

新規にインポートを行う場合は、**Import**タブに移動した上で**Import Now**をクリックし、次の画面で差分インポートか完全インポートを選択する。差分インポートの場合は、直前のインポート実行後に作成、更新されたユーザのみがインポートされる。存在しなくなったユーザ（例えばOUから削除されたユーザ）については何も変更されない。完全インポートの場合は、ユーザのすべてのデータがディレクトリ上のデータで上書きされる。存在しなくなったユーザについては無効化され、Oktaにアクセスできなくなる*9。

ディレクトリユーザの属性はユーザのプロファイルで確認できるが、外部のディレクトリがマスタの属性は読み取り専用となる。

---

*9　［訳注］存在しなくなったユーザの扱いについて、ここではOktaのインポート画面の説明及び訳者が実際に挙動を確認した結果に基づき修正した。原文では、差分インポートの場合については特に言及がなく、完全インポートの場合はOktaにアクセスできなくなるが無効化されないとなっているが、筆者の誤解もしくは執筆後にOktaの仕様が変更されたと思われる。

　ここまで、ディレクトリ連携とディレクトリユーザについて一通り説明した。ここからは、アプリケーション連携およびアプリケーションユーザについて見ていこう。

2.1.3.4　アプリケーションユーザ

　Okta導入以前からGoogle Workspaceなどのアプリケーションをディレクトリとして用いていた場合は、ユーザをそこからインポートすることができる。インポートを行う上では、あらかじめ**OIN**（**Okta Integration Network**）からアプリケーションをOktaと連携しておく必要がある。

　アプリケーション連携はアプリケーションの**Provisioning**タブから行う。**To Okta**メニューでインポートと対応づけに関する設定を行う。

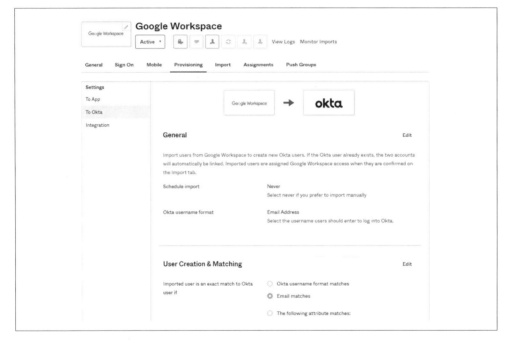

図2-5　アプリケーション連携の設定

　AD連携と同じく、アプリケーションからインポートしたユーザと既存のOktaユーザとの対応づけを行う方法を設定できる。また、一致した場合の挙動や、新規ユーザの扱いに関しても、次のオプションから選択できる。

- Auto-confirm exact matches：完全一致した場合、ユーザを自動で確定する。
- Auto-confirm partial matches：部分一致した場合、ユーザを自動で確定する。
- Auto-confirm new users：新規ユーザを自動で確定する。
- Auto-activate new users：新規ユーザを自動で有効化する。

Generalセクションの右にある**Edit**をクリックすることで、ユーザの自動インポートを行う頻度を設定することができる。インポートを手動で行いたい場合は**never**を設定すること。**Import**タブから**Import Now**をクリックすることで、新規および更新されたユーザが検索され、先ほどのタブの設定に基づき、完全一致のユーザと部分一致のユーザが各々表示される。

WorkdayやBambooHRといった人事アプリケーション上のユーザをマスタとすることもできる。詳細は「5章　LCM（Life Cycle Management）による処理の自動化」で説明する。

ここまで、3種類のユーザについて説明した。ここからは、プロファイルマスタと属性マスタに関する設定について見ていこう。

2.1.3.5　プロファイルマスタと属性マスタ

プロファイルマスタにより、ユーザ属性のマスタ（source of truth）の指定が可能となる。ある時点における、あるユーザのマスタは1つに限られるが、グループやユーザ種別ごとにマスタが異なっていてもよい。前述したADやGoogle Workspaceのようにマスタとして機能できるアプリケーションと連携している場合、プロビジョニング設定の次の箇所で、そのアプリケーションをプロファイルマスタとして設定することができる。

> **Profile & Lifecycle Sourcing**　　　　　　　　　　　Edit
>
> ☐ Allow Google Workspace to source Okta users
>
> Enabling this setting allows Google Workspace to control the profiles of assigned users and makes these profiles read only in Okta. Profiles are managed based on profile source priority.

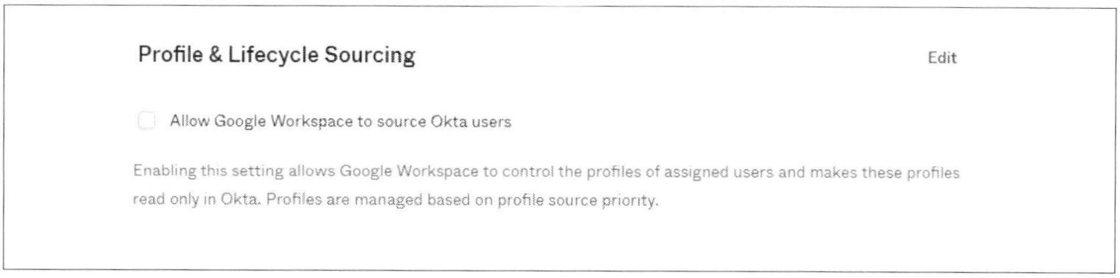

図2-6　Google Workspaceをユーザのプロファイルマスタに設定する

Editをクリックしてチェックボックスをチェックするだけで、Google Workspaceをユーザのプロファイルマスタとすることができる。なお、**To App**メニューに存在する**Update User Attribute**機能を有効化している場合、そのアプリケーションをユーザのプロファイルマスタにすると問題が発生することがあるので注意すること。

ここからは、プロファイルマスタの設定方法について見ていこう。まずは**Directory⇒Profile Sources**と移動する[*10]。複数のプロファイルマスタが存在する時は、次の画面のように優先順位を変更できる。

[*10] ［訳注］原文では**Directory⇒Profile Masters**だが、訳者が確認した限り、本機能の呼称がProfile MastersからProfile Sourcesに変更となっている。翻訳においては、画面上の表示について直接言及している箇所以外ではProfile Masterおよびプロファイルマスタという訳語を使用する。

図2-7　プロファイルマスタ間での優先度の設定

　右にある矢印をクリックすることで優先度を変更できる。優先度を変更した場合、この例では
ADに割り当てられたユーザのプロファイルマスタはADのままだが、それ以外のユーザについては
Google Workspaceがプロファイルマスタとなる。ユーザが両方に割り当てられている場合は、優先
度の高い方が用いられる。

　より細かい設定が必要な場合は、**属性マスタ**（Attribute-Level Mastering）を用いることができ
る。これにより、例えばNameとEmail属性については人事アプリケーションをマスタとする一方
で、Phone Number属性についてはAD、Secondary Email属性についてはユーザ自身による設定を
マスタにするといった設定が可能となる。

　属性マスタを利用する上では、次の要件を満たす必要がある。

- プロファイルマスタが有効となっていること
- 複数のプロファイルマスタを利用していること
- 属性のマスタを個別に設定すること

　最初の2つの要件はすでに満たしているので、最後の1つを設定してみよう。Directory⇒Profile
Editorと移動し、デフォルトで存在しているOktaのユーザ種別であるUserのProfileリンクをク
リックする。さらにAttributesセクションの属性一覧から編集したい属性の右側にあるiアイコンを
クリックし、表示された画面のSource priorityドロップダウンリストから設定を変更する。これに
より、次のように当該の属性のマスタのみが変更され、他の属性とは異なるマスタを参照させるこ
とが可能となる。

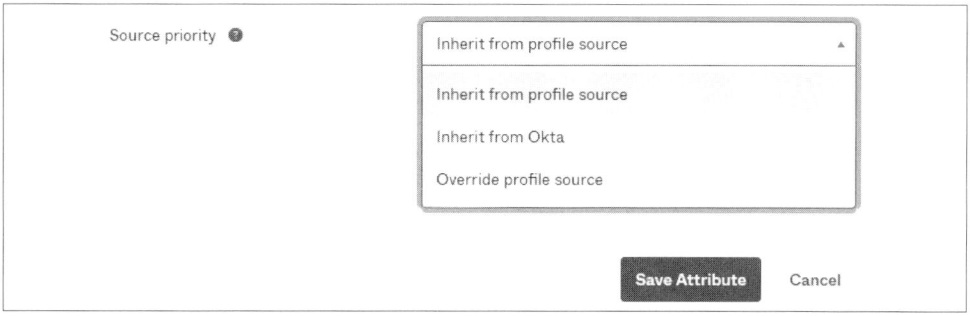

図2-8 属性マスタの設定オプション

　Override profile sourceを選択することで、既存のプロファイルマスタより優先度の高い別のマスタを設定することが可能となる。設定が完了したら**Save Attribute**をクリックする。これにより、当該のユーザ種別の指定した属性のマスタが変更される。

　ここまで、ユーザについて一通り説明した。引き続き、グループについて見ていこう。

2.2　グループの活用

　ユーザは、メール、ファイルサーバ、Wi-Fi、アプリケーションなど様々なリソースへのアクセスが必要である。とはいえ、これらを個々に管理するのは時間ばかりを要する単純作業に他ならない。グループを用いることでユーザの一括管理が実現し、この単純作業から解放される。グループに対するアクセス権を変更、更新すると、グループに所属するすべてのユーザにこれが適用される。これにより作業が単純化されるだけではなく、ディレクトリの管理性が向上し、様々な課題により迅速に対応することが可能となる。

　グループの概念は古くから変わっていないが、そのコンセプトは依然として非常に有用である。ほぼすべてのアプリケーションにグループ管理機能があることがそれを物語っている。Oktaも例外ではなく、ユーザの階層化、アプリケーションの割り当て、ポリシーの強制といった機能を実現する上で、グループによる管理に多くを依存している。

2.2.1　Oktaのグループ種別

　Oktaはデフォルトのグループとして、everyoneというグループを必ず作成する。これは悪い名前ではないが、削除やリネームができないため、複数のインスタンスで利用するには具合が悪い。アプリケーションをこのグループに割り当てると、Okta org内の全ユーザがアプリケーションにアクセスできるようになる。このグループを割り当てたポリシーは、ユーザの区別なく全員に適用されるため、ポリシーの設定の際、そうしたポリシーを最終行に置くことで、全員に対してもれなくポリシーを適用することができる。Oktaには次のグループ種別がある。

- Oktaグループ
- ディレクトリグループ
- アプリケーショングループ

Oktaグループは標準のグループ種別である。これはOkta内に作成され、様々な用途に利用される。グループにはユーザやアプリケーションを割り当てることが可能で、これにより割り当てられたユーザのプロビジョニングが可能となる。グループに対してディレクトリを割り当てることで、ユーザを当該のディレクトリにプロビジョニングできる。

図2-9　Oktaのグループ管理画面

Oktaグループは管理コンソールから作成する。作成の際は、グループ名に加えてグループの用途を示す説明を追加できる。作成が完了すると固有のIDが付与される。これは不変であり、関数やAPI呼び出しの際に用いられる。

OktaのAPIを用いてOktaグループを作成することもできる。APIによりグループの作成を迅速に行うことができ、これは特に大量のグループを一度に作成する際に有用である。詳細については「7章　API管理」で説明する。

OktaにはOktaグループ以外のグループ種別もある。ディレクトリグループは、ディレクトリ連携の際にグループが存在するOUを同期対象に指定することで利用できる。ディレクトリグループは、グループ一覧表示の際にOktaグループと異なるアイコンで表示されるため区別することができる。Okta上では、このグループにユーザを割り当てることはできず、表示のみが可能である。管理はすべてAD上から行う。グループ一覧画面では、次のようにグループにユーザが所属していることを確認できる。

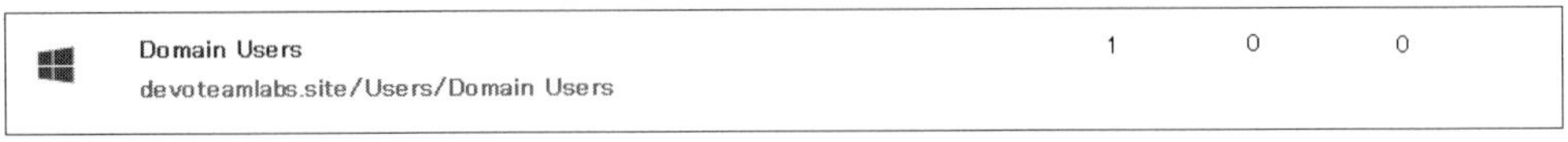

| | Domain Users
devoteamlabs.site/Users/Domain Users | 1 | 0 | 0 |

図2-10　ADグループの表示例[11]

ここで、グループ内に存在しているとされるユーザは、Okta上に同期されたユーザである。このユーザは、先ほど説明したインポートと対応づけによりOktaに同期され、これにより連携され

---

[11]［訳注］1　0　0という数字が並んでいるが、この1は所属ユーザが1人であることを意味する。

たディレクトリのユーザがOkta上のグループのメンバとして表示されている。ユーザが連携され
たディレクトリ上には存在しているにも関わらず、グループのメンバとして表示されていない場合
は、対応するユーザがOkta上に存在していない。よくある例は、ユーザのオブジェクトがOktaへ
の同期対象としているOU内に存在していない場合であろう。

　ディレクトリグループをアプリケーションに割り当てることもできるため、ディレクトリ側でグ
ループ構成を整備済であれば、同様のグループ構成をOktaグループで作成し直す必要はない。追加
のグループが必要となった場合は、Oktaグループを追加するのも一案であるが、ディレクトリ側で
グループを追加する案もある。状況次第ではあるが、ディレクトリには手を入れずにOktaグループ
でグループ構成を作成し直す方が、とりうる選択肢が増え、機能も向上するため推奨したい。ADを
完全に置き換える道を模索しているのであれば、こちらがよいだろう。

　アプリケーションによっては、ディレクトリ同様にグループを扱う機能を有しているものもあ
る。次に示すアプリケーションでは、プロビジョニングの設定を行ってグループをインポートする
ことで、アプリケーショングループとしてこれを活用できる。

- Google Workspace
- Office 365
- Slack
- Box
- BambooHR
- Workday
- Jira

　こうしたアプリケーションは増加しつつある。Oktaは複数システムに亘るユーザ管理機能の改善
と拡大を目指して、より多くのアプリケーションとのグループ連携を実現すべく、日々努力を重ね
ている。

	All Users No description	0	0	0
	Domain Admins devoteamlabs.site/Users/Domain Admins	0	0	0
	Everyone All users in your organization	191	0	0
	Finance No description	4	0	0

図2-11　さまざまなグループ種別

アプリケーショングループは、ディレクトリグループと同様に機能する。表示されているユーザ数はアプリケーションから連携されているユーザ数となり、これらのグループにユーザを追加することはできない。アプリケーショングループのメンバにアプリケーションを追加することは可能だが、アプリケーショングループの性格を考えると、別のアプリケーションをメンバにするのは、あまりよい方策とはいえないだろう。

2.2.2　ADグループの活用

OktaはADと緊密に連携しており、ADグループのグループ種別に応じた対応が可能である。ここでは次に挙げる2つのグループ種別について取り上げる[12]。

- USG（ユニバーサルセキュリティグループ/Universal Security Group）
- DG（配布グループ/Distribution Group）

これら両グループともにOktaにインポート可能であるが、ユーザをメンバとして追加する際の挙動が異なる。

2.2.2.1　USG（ユニバーサルセキュリティグループ）

USGは手動でインポートすることも、定期的にインポートすることも可能である。さらにJITプロビジョニングにより、ユーザがOktaに初回サインインした際にインポートを行うこともできる。USGのインポートは完全インポート、差分インポートともに対応している。ユーザがOktaに初回サインインすると、Oktaはユーザの所属ドメインを確認の上、ユーザが所属しているUSGのうち同期対象のOUに存在しているものをすべてインポートした上で、適切なプロファイルを用いてユーザをインポートする。この仕組みにより、Oktaはユーザのサインインを契機として、AD側の変更に追従して最新の状態を維持することが可能となる。

ユーザの所属するUSGが同期対象外のドメインのものであった場合、USGはインポートされず、ユーザのみがOktaに追加される。後ほどUSGのあるドメインが追加されたりUSGの存在するOUが同期対象に追加されると、次回の定期的もしくは手動のインポート、もしくはユーザがJITプロビジョニングされた際に、そのUSGがOktaに新規インポートされる。

ドメインを追加することで、Oktaはそのドメイン内を参照できるようになる。同期対象のOU設定を適切に行うことで、Oktaは複数のドメインのユーザを参加させることが可能となる。また、同期対象のドメインやOUから手動でユーザを除外することで、Oktaや連携するサービスへのアクセスを抑止できる。この管理方式は、通常ADの管理者によって行われる。

Oktaには、同期対象のグループからネストされたグループを識別する能力はない。Oktaは、ネス

---

*12 ［訳注］Oktaのサイトでも、なぜかUSGとDGにフォーカスした解説が行われているが、ADでもっとも一般的なセキュリティグループであるグローバルグループやドメインローカルグループは普通に利用できる。

トされたグループ内にあるユーザを親のグループに存在しているかのようにして扱う。これが意図せず発生してしまった場合でも、Oktaは割り当てを元に戻すことはできないため、想定外の割り当てが発生する可能性がある。JITプロビジョニングを用いることで、この問題を解消し、当該ユーザを同期された親グループから削除することができるが、これにはユーザに自身でサインインさせることが必要であり、それを見張っている必要がある。管理者側だけで作業を完結させることはできない。

2.2.2.2　DG（配布グループ）

DGの扱いはUSGとは若干異なる。

Oktaに連携されたドメイン内のUSGのメンバであるユーザは、定期的なインポート、手動のインポート、JITプロビジョニングのいずれかを契機として同期されるが、DGの同期は、定期的なインポートもしくは手動のインポートのいずれかに限られ、JITプロビジョニングは対象外となる。

このため、プロビジョニング済でないユーザがOktaへのサインインに成功した場合、DGのメンバ情報が更新されないため、サインインの際に問題が発生する場合がある。定期的なインポートのスケジュールを最短の1時間ごとに設定しておくことで、大半のケースでこの問題の発生を抑止できるだろう。

ユーザがあるDGのメンバであり、DGはUSGのメンバであるという場合、USGが定期的なインポートでOktaにインポート済でないと、グループに付与されたアクセス権が継承されない。

OktaはJITプロビジョニングの際に、メンバとなっているDGやDG内のユーザを参照しない。グループのメンバ構成をOktaに反映するには定期的なインポートを行う必要がある。

2.2.3　Oktaグループを用いたADユーザの作成

ユーザ管理をOkta側で行うことも可能である。専用のOktaグループを作成し、そのグループのメンバであるユーザを同期対象となっている適切なOU内にプロビジョニングする設定を行うことで、双方向のユーザ管理が簡単に実現する。より詳細な管理を行う場合は、AD上に複数のOUを用意した上で、各OUを各々別のOktaグループに対応づけすることもできる。各OUごとに必要に応じて異なる設定を行うことが可能である。

上記に加えて、ユーザを同期する際に、Oktaプロファイルの属性値をADの属性に設定することも可能である。これにより、プロファイル間で詳細な属性情報の同期が行われるため、ADとOkta間でユーザの詳細な属性情報が常に同一となる。

2.2.4　グループのプッシュ同期

グループのプッシュ同期は、ディレクトリやアプリケーションに対し、Okta上のグループを同期して作成したり更新したりする機能である。グループのプッシュ同期を有効にするには、対象と

なるアプリケーションのプロビジョニング機能を有効化しておく必要がある。サポートされている
連携機能はアプリケーションによって異なるため、アプリケーションによっては、グループのプッ
シュ同期がサポートされていないかもしれない。アプリケーションでグループのプッシュ同期がサ
ポートされていれば、Oktaでアプリケーション側に存在するグループの管理が可能となるため、
グループ構造の再作成が不要となる。グループの管理をOktaに切り替えると、Oktaはアプリケー
ション側の既存のグループ名をOktaがプッシュ同期したグループ名に変更する。アプリケーショ
ンとして、この挙動に問題がないかを確認しておく必要がある。

　グループのプッシュ同期を行う上での要件を次に挙げる。

- グループのプッシュ同期にはアプリケーションに対するプロビジョニング機能の有効化が必
  須である。
- 同期されるグループに割り当てられたユーザは、事前にプロビジョニングされ、かつ対象の
  アプリケーションを割り当て済である必要がある。
- ADグループをプッシュ同期する際は、AD連携用のADのサービスアカウントにグループへ
  のユーザ追加や管理を行う権限が必要である。
- あるアプリケーションに対するユーザのプロビジョニングに用いているグループを、プッ
  シュ同期の対象とすることはできない。

　別のアプリケーションのアプリケーショングループを使うことはできるが、アプリケーショング
ループやディレクトリグループは、アプリケーションやディレクトリ側の処理で構成が変更されう
ることに留意すること。

　グループのプッシュ同期の設定は、対象となるアプリケーションの**Push Groups**タブから実施す
る。

Push Groupsタブをクリックすると、次のような設定画面が表示される。

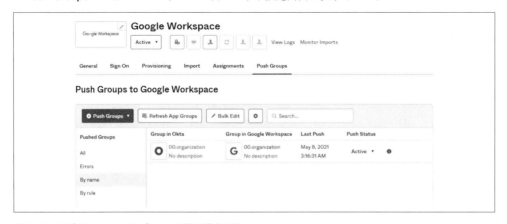

図2-12　アプリケーションのプッシュ同期の設定画面

Push Groupsをクリックして、プッシュ同期の設定を開始する。これは手動でグループ名を選択することで実施することもできるし、ルールベースの自動処理により、条件に基づいて対象のグループを自動的に同期させることもできる。

図2-13　Push Groupsボタン

プッシュ同期の設定を行ってみよう。まずはこれを手動で行う方法を説明し、ついでこれをルールベースで行う方法を説明する。

グループのプッシュ同期を手動で実施するには次のようにする。

1. Push Groupsをクリックする。
2. Find groups by nameを選択する。
3. プッシュ同期の対象とするグループを検索する。
4. 必要に応じてPush group memberships immediatelyのチェックを外す。チェックが行われていると、直ちにグループのメンバ情報がプッシュ同期される。

プッシュ同期したグループの処理として、アプリケーション側で新規にグループを作成するのか、既存のグループに対するリンクを行うかを選択できる。

図2-14　プッシュ同期したグループの処理方法の選択

Create Groupを選択する場合は、次のようにする。

● アプリケーション上に作成するグループのグループ名を指定する。
● Saveをクリックする。

Link Groupを選択する場合は、次のようにする。

- リンクしたいグループを選択する。
- Saveをクリックする。

グループのプッシュ同期をルールベースで行う場合は、若干異なった設定が必要となる。**Push Groups**をクリックした後の設定は次のようになる。

1. **Find Groups by rule**を選択する。
2. ルール名を設定する。
3. ルールをグループ名ベースで構成するか、グループの説明（description）ベースで構成するかを設定する。ここで、例えばグループ名が「Sales」からはじまるすべてのグループを対象のアプリケーションにプッシュ同期するといった設定が行える。

明示的に**Immediately push groups found by this rule**のチェックを外さない限り、Oktaは検索でヒットしたすべてのグループのアプリケーションへのプッシュ同期を直ちに開始する。なお、これは新規にプッシュ同期の対象となったグループのみに適用される。

　グループのプッシュ同期のルールでは、アプリケーションやディレクトリ上のグループの全件検索が行われるため、いずれかのアプリケーション上にプッシュ同期のルールで検索されるグループ名と類似のグループ名があると大きな問題を引き起こす可能性がある点に留意すること。

連携元のディレクトリ群から同一のグループ名のグループが同期されている場合は、それらのグループを一意な名称のOktaグループに分類し直した上で、対象のアプリケーションに同期すること。

　時には、対象のアプリケーションにプッシュ同期したグループが応答しない、もしくはユーザ同期でエラーが発生することがある。こうした場合、プッシュ同期のルールを一旦無効化し、再度有効化することで、同期を再実行することができる。よくあるミスとして、プッシュ同期のグループに追加したユーザがプロビジョニング対象のグループに所属していないため、同期対象のアプリケーションやディレクトリ上で認識されないといったことがある。

　また、同期対象のアプリケーション上にリンク対象のグループが見つからないといった事情が発生することもある。この場合、次の図にある**Refresh App Groups**をクリックすることで、対処のアプリケーションのグループ一覧を再読み込みすることもできる。

Push Groups
Refresh App Groups
Bulk Edit
Search...

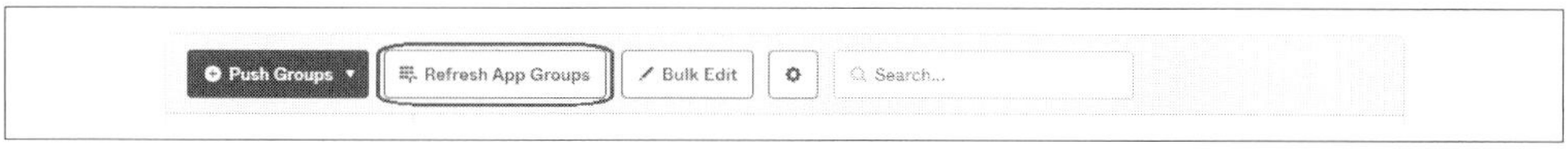

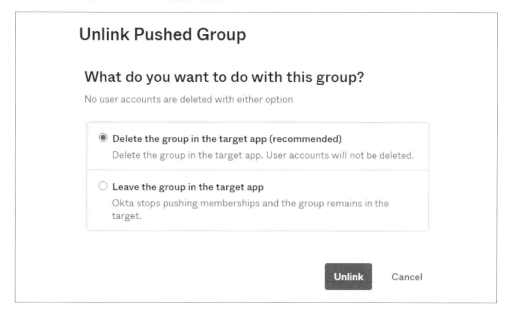

図2-15　グループ情報の再読み込み

何らかの理由でプッシュ同期したグループを削除したい場合は、グループのプッシュ同期を無効化することができる。これにより対象アプリケーションやディレクトリに対するグループの同期は停止されるが、アプリケーションやディレクトリにプッシュ同期済のグループは、その時点のユーザ情報で存在し続ける。当該のグループを対象アプリケーションもしくはディレクトリから削除するには、次の画面でグループの削除を実施する。

Unlink Pushed Group
What do you want to do with this group?
No user accounts are deleted with either option
Delete the group in the target app (recommended)
Delete the group in the target app. User accounts will not be deleted.
Leave the group in the target app
Okta stops pushing memberships and the group remains in the target.
Unlink
Cancel

図2-10　プッシュ同期したグループを削除する際のダイアログ

推奨（recommended）となっているオプションを選択することで、Oktaはグループを削除し、グループ内のユーザはプロビジョングを無効化され、アプリケーションやディレクトリへのアクセス権が消失する。グループは利用不可能となり、アプリケーションやディレクトリの権限をこのグループのユーザに割り当てることも不可能となる。

Bulk Editオプションを選択することで、グループの一括編集も可能である。このオプションを選択すると各グループの左にチェックボックスが現れるので、対象としたいグループをチェックの上、対象のアプリケーションもしくはディレクトリ上でのグループの削除（Delete）もしくは同期の無効化（Deactivate）を次の画面で選択する。

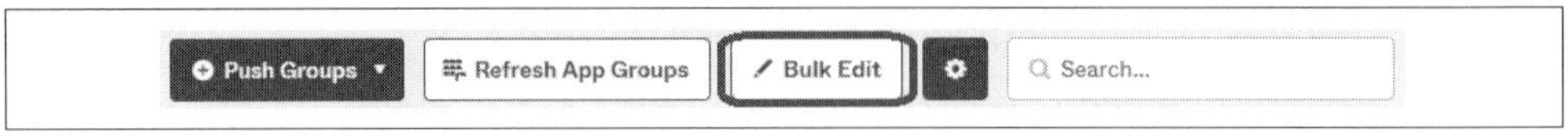

図2-17　プッシュ同期されたグループの一括編集（Bulk Edit）

　プッシュ同期の設定では、Oktaから同期する先のアプリケーションもしくはディレクトリグループへのリンク設定を行うことができる。デフォルトでは、リンク先のグループは、リンク元のグループと同じ名前に変更されるが、この機能を無効化し、対象のアプリケーションやディレクトリ内に存在する既存のグループ名を使い続けることもできる。名前がまったく異なっていると適切なリンクの確認が若干面倒になることもあるが、既存の名前を変更できない理由があるのであれば、この選択肢を検討すべきであろう。

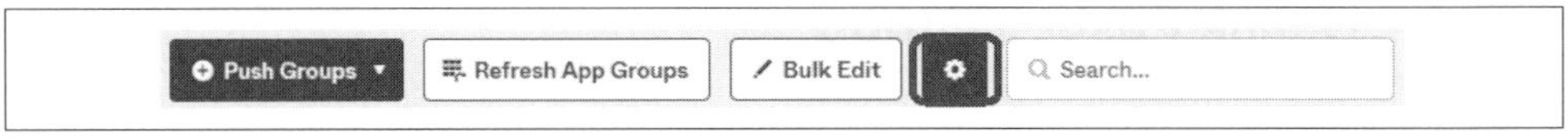

図2-18　プッシュ同期の設定アイコン

　グループのリンクを行った後でこの設定を無効としても、対象のグループの名前は元には戻らない。このオプションが意味を持つのは、グループのプッシュ同期を新規に行う場合だけである。

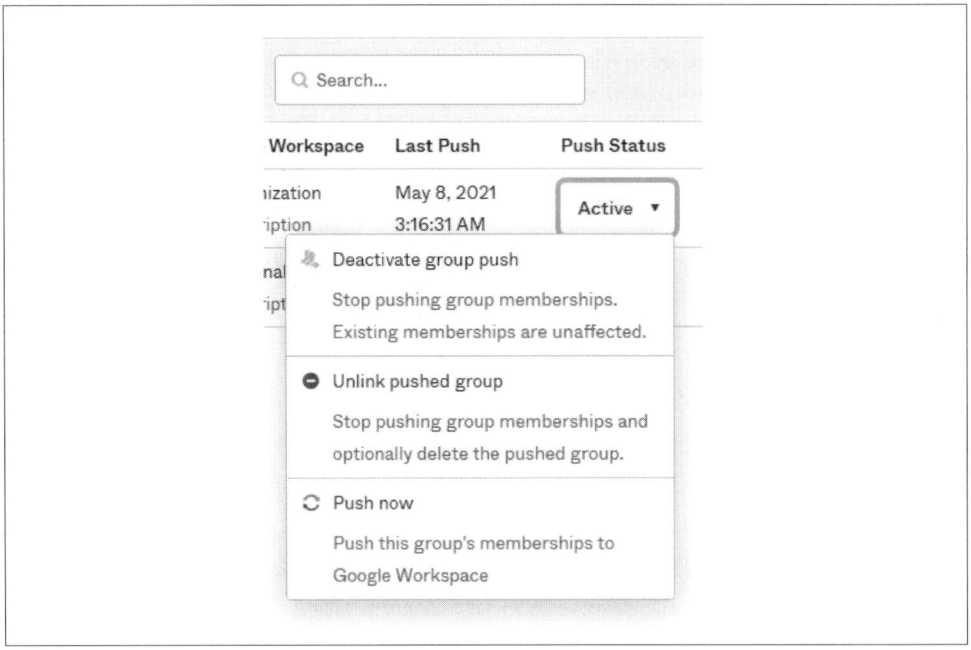

図2-19　プッシュ同期のオプション

　プッシュ同期の設定中にプッシュ同期を行わなかった場合は、プッシュ同期の設定後に画面から
これを行う必要がある。これにより、対象のグループに対する強制的なプッシュ同期が行われる。

2.2.5　グループの削除

　不要なグループの削除は、ディレクトリを管理する上でのよい習慣といえよう。不要なグループ
がグループ一覧に存在していると、意図せぬ重複エントリを生み出すだけでなく、画面表示の長時
間化やグループ検索の視認性悪化といった問題にも派生しかねない。

　削除方法はグループ種別によって異なるが、共通して考慮すべき事項を次に示す。

- Oktaグループは、アプリケーションやユーザの割り当て状況に関わらず、削除できる。
- アプリケーショングループを削除するには、アプリケーションのProvisioningタブの
  Integrationsメニューから Import Groups チェックボックスのチェックを外すことで削除できる。
- アプリケーショングループは、グループルール、ポリシー、グループのプッシュ同期などで
  使用中の場合削除できない。
- ディレクトリグループは、ディレクトリの同期対象OUから外すことで削除できる。Oktaは
  続くインポートで削除を反映させる。
- APIからOktaグループやアプリケーショングループを削除することもできるが、前述した要
  件は満たしている必要がある。
- APIで削除されたアプリケーショングループは、次回インポートの際にアプリケーションか
  ら再インポートされる。

アプリケーションやディレクトリからインポートされたグループへの過度な依存を避け、Oktaの
ディレクトリ設定に必要以上の影響が発生しないよう留意すること。

　　グループ管理の画面からは、グループがポリシーなどで使用中かどうかを確認することが
　　できない。この状態でグループを削除すると、ポリシーの挙動に影響が出る場合がある。
　　グループをOktaから削除する前に、グループが使用されていないことを確認しておくこと。

2.2.6　アプリケーションのグループへの割り当て

　アプリケーションの設定は非常に面倒で、これをユーザごとに行うというのは苦痛以外の何者で
もない。グループを活用することで、この苦痛を和らげ、アプリケーションの割り当てをより構造
的に管理することが可能となる。どのような形式のアプリケーションであっても、Oktaのどの種別
のグループにも追加できる。これにより、Oktaグループ、ディレクトリグループ、アプリケーショ
ングループに基づく詳細な管理が実現する。

　グループに複数のアプリケーションが割り当てられていても、特に優先度といった概念はない。

管理は単一の簡易なインタフェースで行われる。プロビジョニングされたアプリケーションの種別に応じて、もしくは設定済のサインイン方式に応じて、様々な用途でグループを用いることができる。

　もっとも端的な用途が、アプリケーションに対する**SSO（Single Sign-On）**機能の有効化である。グループを用いてユーザをアプリケーションに割り当てることで、当該のアプリケーションに対して設定されたサインイン方式が適用される。

　プロビジョニングによりグループにアプリケーションが割り当てられると、アプリケーションはグループの設定を確認して、グループのメンバであるユーザ全員に対して同一の設定が適用されるようにする。

　最後になるが、グループに割り当てられたアプリケーションのプロビジョニングの際に、複数のサインイン方式を組み合わせる設定を行うことも可能である。

　アプリケーションでユーザの設定を行う際に、複数のグループを組み合わせることで次のような項目（これらに限定はされないが）に対する細かい管理を行うことも可能である。

- プロファイルの属性
- ライセンス
- ロール（役割）

　対象のアプリケーションにユーザをプロビジョニングする際、いくつかの属性をユーザに設定したい場合にグループの組み合わせを用いることができる。Office 365の各種ライセンスの割り当てをグループ単位で行う場合や、Salesforceの様々な権限をグループ別に設定する場合などがそれに該当する。

　プロビジョニング設定についての詳細は、「5章　LCM（Life Cycle Management）による処理の自動化」で解説する。

　ここまでグループ種別とその使用方法について説明したので、これを踏まえてグループ活用のベストプラクティスについて見ていこう。

2.2.7　グループ活用のベストプラクティス

　ここでは、Oktaでグループを活用する上でのベストプラクティスを紹介する。

2.2.7.1　Oktaグループの命名規則

　Oktaグループには階層構造がなく、グループのネスティングを行ったり、階層構造をとったりすることができない。類似の機能を実現するために、Oktaグループ名を数字から始めることを推奨する。これには次のような利点がある。

- Oktaがグループを表示する順序の仕様上、管理者が作成したグループが先に表示される。
- グループの表示順を制御できる。

- 数字の桁数に意味を持たせることで、擬似的にグループのネスティングを行うことができる。

次の画面がその例である。

Source	Name	People	Apps	Directories
◎	00. Organization No description	1	1	1
◎	00. orgranization -managed devices No description	0	0	0
◎	00.1 Stockholm HQ Everyone @ HQ	0	0	0
◎	00.2 New York office No description	0	0	0
◎	00.3 All remote Remote workers across the globe	0	0	0
◎	01. Sales No description	0	0	0
◎	02. Marketing No description	0	0	0
◎	03. Finance No description	0	0	0

図2-20 Oktaグループの命名規則の実践例

このようにグループが数字順に整列されるため、グループのネスティングを擬似的に実現できる。

2.2.7.2　グループ管理基準の策定

グループ管理基準を策定することで、グループの用途の整理、管理が効率化される。グループ構成を社内の組織構造と連動させることで、アクセス権の付与基準が明確化され、アプリケーションを設定する上での利便性も高まる。グループ化する組織単位を細かくすることで、柔軟な管理が実現する。

2.2.7.3　グループの活用

企業の方針に沿ったグループ活用指針を策定することで、グループの利便性が向上する。例えば、営業部門のアプリケーションを割り当てたグループに対して営業部門のポリシーを設定し、そのポリシーを営業部門のアプリケーションに同期するといった運用を行うことで、1つのグループで複数の目的を達成できる。

2.2.7.4　アプリケーション用のグループ

場合によっては、組織構造を簡単に反映できない場合もあろう。その場合でも、グループ名の先頭にアプリケーションごとに数値を割り振ることで、ライセンスや役割の付与といった用途で各アプリケーションが用いているグループを、アプリケーション単位にグルーピングすることができる。一定範囲を予約しておく（例えば70.xxをアプリケーション用に予約するなど）ことで、ユー

ザを適切なグループに割り当てるグループルールの作成が容易になる。これにより、Oktaグループを一括管理することが可能となり、Oktaにインポートされたグループがあちこちに散在することを抑止できる。

2.2.7.5　必要なグループのみをインポートする

アプリケーションのプロビジョニング設定を行ったが、グループのインポートを必要としないという場合は、それを有効化しないこと。これにより、Oktaのインポート処理が迅速化され、不要なグループが検索で表示されなくなる。

2.2.7.6　ディレクトリグループの活用

既存のディレクトリへの依存度が高い場合は、グループ構成をOktaグループとして再構築しないことが最適解かも知れない。Oktaグループへの移行に大きなメリットがあったとしても、コインの両面を管理するような状況が多くのエラーを引き起こし、トラブルシューティングの際の手間を増大させることになりかねない。ADやLDAPはOktaと緊密に連携させることができるが、これを行わない方がよい場合もあろう。

一方で、既存のディレクトリから脱却する道を求めていたり、過去の経緯の積み重ねで収拾がつかない状況となっていたりする場合は、Okta側でグループ構成を新規に再構築する方が、アプリケーションやディレクトリの有効活用を進めていく上で有用なこともあろう。

2.2.7.7　アプリケーショングループの活用

アプリケーショングループは、アプリケーションをOktaと連携する以前から存在していることが多い。アプリケーションの構成も同様で、Oktaを管理しているITもしくはセキュリティ部隊以外によって長年管理されていることが多いだろう。こうした環境では、アプリケーション上のグループ管理ルールがなく、グループが乱立している場合も多い。この状況下でOktaでユーザを管理し、他のアプリケーションやディレクトリに管理を拡大していくのは賢明とは言えない。特にグループでポリシー管理を行ったりすると、アプリケーションの所有者が知らず知らずのうちに操作を誤り、意図せずアクセス権を削除するといった事態が起こりかねない。

アプリケーショングループは、グループのプッシュ同期やグループルールにより、ユーザをアプリケーショングループからOktaグループに同期させるために用いるべきであろう。

本書が推奨する命名規則を用いるのであれば、アプリケーションへの影響を鑑み、アプリケーショングループのグループ名の上書き禁止を検討した方がよいだろう。ただし、これは環境や設定に強く依存する。

2.3　まとめ

　本章では、UD（Universal Directory）およびその機能について紹介した。既存のディレクトリと連携する方法を把握し、必要に応じて各種エージェントをインストールし、設定することができるようになった筈である。ついで、Oktaにおけるユーザ種別とプロファイルマスタを用いてユーザ属性を操作する方法について説明した。さらに、Oktaで利用可能な様々なグループ種別と、それらを用いて作業を効率化する方法、例えば権限の割り当てについて説明した。最後に、グループを設定し、操作する上でのベストプラクティスの一端について言及した。

　次の章では、OktaのSSO機能とOIN（Okta Integration Network）の活用方法について見ていこう。

3章

SSO（Single Sign-On）
によるユーザ利便性向上

SSO（Single Sign-On SSO）は、ユーザにとって非常に利便性が高く、さらにIT管理者の負担を軽減するセキュリティ面の利点も兼ね備えている機能である。

本章では、OktaのSSO機能とそれがユーザにもたらす利点について俯瞰する。**OIN**（Okta Integration Network）の活用方法を紹介するとともに、様々なアプリケーションとの連携方式を説明する。さらに、Oktaイニシエートとアプリケーションイニシエートによる認証処理の違いやIdPディスカバリについても説明する。

次のテーマに沿って説明していこう。

- OktaにおけるSSOの活用
- OktaダッシュボードとOktaモバイルアプリの利用
- OIN（Okta Integration Network）
- SWA（Secure Web Authentication）アプリケーションの活用
- SAMLとOpenID接続のアプリケーションの活用
- 外部SSO
- IdPディスカバリ

3.1　OktaにおけるSSOの活用

ここまで、アプリケーションへの認証や関連するセキュリティ機能について説明を行ってきたが、本章ではOkta自身の認証機能について説明する。これこそがユーザ利便性向上の要である。Oktaへサインインすることで、Oktaと連携しているアプリケーションに対してパスワードの入力が不要となる。一度OktaでSSOを実施することで、設定済のポリシーに基づいてユーザが識別さ

れ、それに基づいて連携されたアプリケーションへのサインインが行われるためである。

　Oktaへのサインインは直感的で、難しい動作原理の理解は不要である。サインイン自体は他のアプリケーション同様シンプルでありながら、その裏で様々な機構を用いて、各サインイン処理を設定済のポリシーに照らして確認しているのである。

　各Okta orgのURLはokta.comのサブドメインとなる。このサブドメイン名はOktaと契約した時点で決定され、後から変更することは難しい。そのため覚えやすく適切な名前を設定することが肝要である。

　なお、セキュリティ向上の一環として、Oktaはどのようなサブドメインを指定してもサインイン画面が表示されるようになっている。これは、悪意を持った攻撃者が有効なOkta orgを見つけてパスワードの総当たり攻撃（パスワードスプレー攻撃）を行うことを抑止するためのものである。一方で、ユーザ自身も誤ったサブドメインに誤入力してしまう可能性があるため、ユーザが正しいOkta orgを確認できるようにしておくことが肝要である。Oktaの設定でサインインの際の背景やロゴを設定することで、正しいOkta orgを見分けやすくすることができる。

　サインオンポリシーは先頭から順に適用されるようになっている。Okta orgが作成されると、デフォルトのサインオンポリシーが作成され、誰でもサインインが可能となるが、企業の要件を反映したポリシーを設定することが強く推奨される。Oktaは様々な要件に対応すべく複数のポリシーを設定できる。

　パスワードポリシーにより、ユーザのパスワードをグループ、ディレクトリ、状況に応じて細かく管理することができる。まずはポリシーとその設定について見ていこう。

3.1.1　パスワードポリシー

　パスワードポリシーにより、ユーザのパスワード強度や管理方法を設定することができる。複数のポリシーを作成し、状況によって切り替えることも可能である。ユーザはポリシー変更後初回のパスワード変更時に、パスワードが新規もしくは更新された要件に準拠することを求められる。

　パスワードポリシーや準拠するルールの設定は、**Security**⇒**Authentication**と移動し、**Password**タブをクリックすると表示される次の画面で行う。

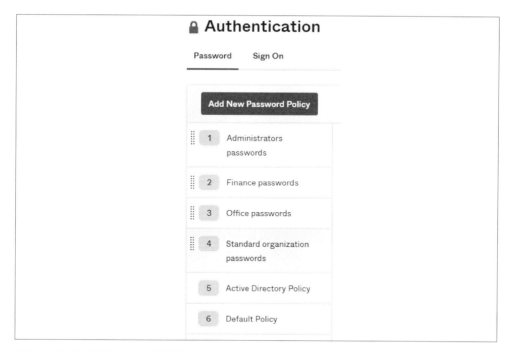

図3-1 パスワードポリシーの一覧画面

　これらのポリシーは適用対象として指定したグループにユーザが所属している場合に適用される。ポリシーは先頭から順に評価され、いずれかのポリシーが適用対象となると、Oktaはサインインを許可するか、当該ポリシーで定義された条件に合致するパスワードの設定を要求する。

　パスワードポリシーの設定画面を次に示す。

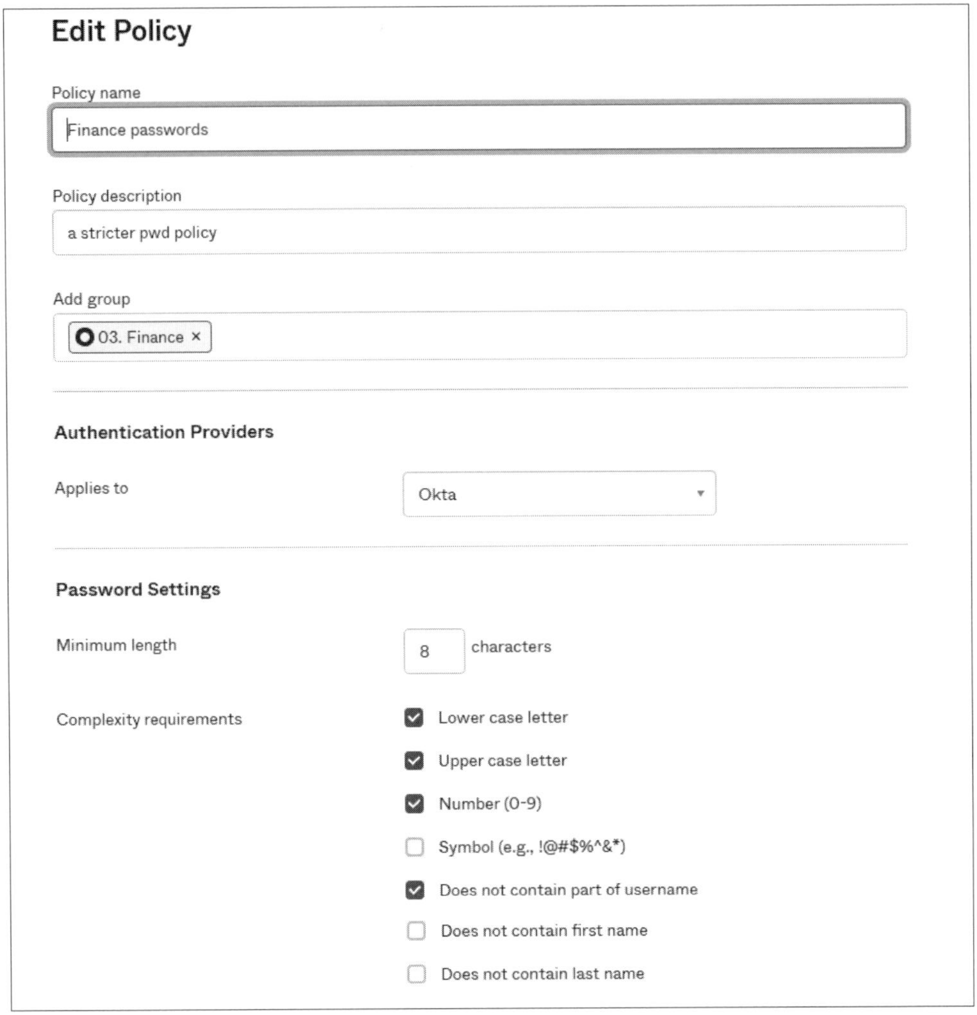

Edit Policy

Policy name

Finance passwords

Policy description

a stricter pwd policy

Add group

⊙ 03. Finance ×

Authentication Providers

Applies to

Okta ▾

Password Settings

Minimum length

8　characters

Complexity requirements

☑ Lower case letter

☑ Upper case letter

☑ Number (0-9)

☐ Symbol (e.g., !@#$%^&*)

☑ Does not contain part of username

☐ Does not contain first name

☐ Does not contain last name

図3-2　パスワードポリシーの設定

　新規ポリシーの追加、既存ポリシーの編集いずれも、同一の設定ウインドウが表示され、次のような項目を設定できる。

- ● ポリシー名
- ● ポリシーの簡単な説明
- ● ポリシーを適用するグループ（複数グループを指定可能）
- ● ポリシーを適用する認証機構。Oktaもしくは連携済のディレクトリを指定する。
- ● 最短のパスワード長

- パスワード複雑性のルール

パスワード複雑性のルールとしては、次のような設定がある。

- 小文字を必須とする。
- 大文字を必須とする。
- 数字を必須とする。
- 記号を必須とする。
- ユーザ名（の一部）を含むパスワードを禁止する。
- ユーザの姓（first name）を含むパスワードを禁止する。
- ユーザの名（last name）を含むパスワードを禁止する。

引き続き、設定ウインドウを下にスクロールして、次の画面の設定を行っていく。

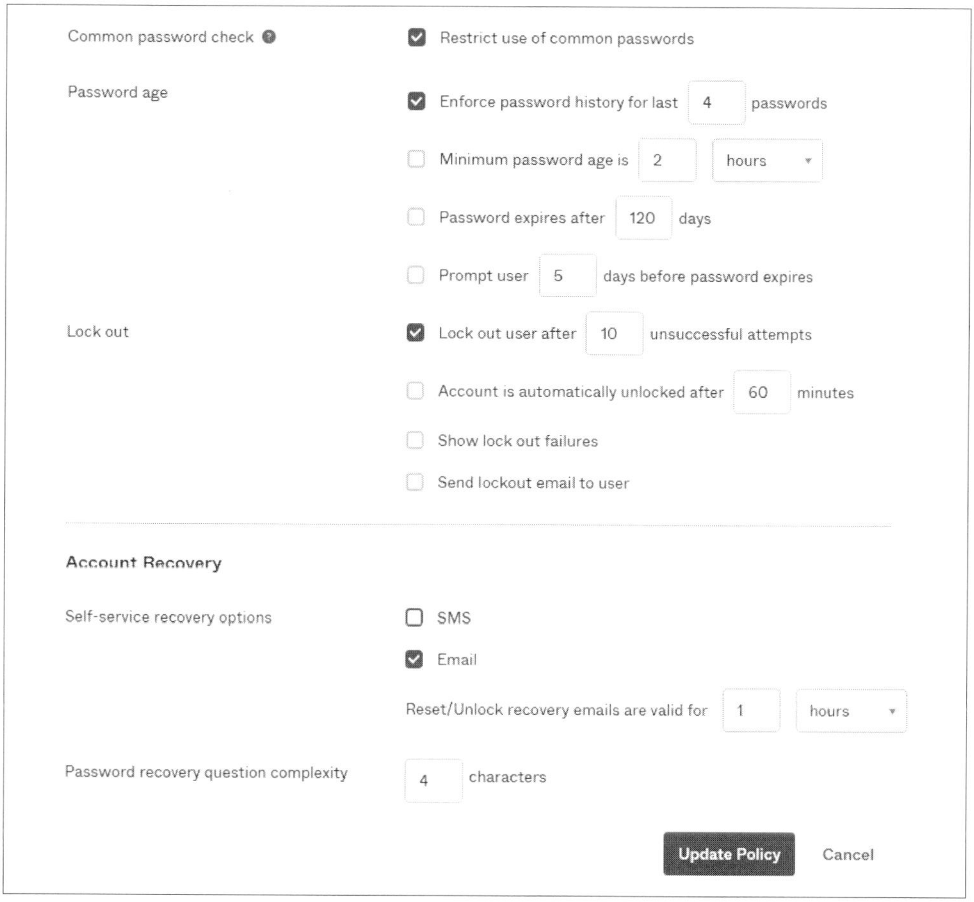

図3-3　パスワード複雑性の設定

Common password checkをチェックすることで、簡単に破られてしまう一般的なパスワードや単純なパスワードの使用を禁止できる。

引き続き**Password age**について設定する。

- Enforcing password history … : 同一パスワードの再利用を禁止する世代数を設定する。
- Minimum password age is … : パスワードの最短変更禁止期間を設定する。
- Password expires … : パスワードの有効期間を設定する。
- Prompt user … : パスワードの期限切れまでの残日数がここで指定した日数を下回った際に、ユーザがOktaのダッシュボードでパスワード有効期限切れが近いことを通知されるようにするかを設定する。

ついで**Lock out**について設定する。

- Lock out user after … : アカウントをロックアウトするまでに、何回パスワードの試行を許容するか。
- Account is automatically unlocked … : 一定期間経過後に、自動的にアカウントのロックアウトを解除するか。
- Show lock out failures：Oktaへのログイン時にパスワード試行の失敗した回数を表示するか。
- Send lockout email to user：ロックアウトの際にユーザに通知を送付するか。

最後に、**Account Recovery**セクションを設定する。

- Self-service recovery options：セルフサービスでのパスワード再設定方式。**SMS**もしくは**電子メール**から選択する。
- Reset/Unlock recovery emails are valid for … : メールで送信したパスワード再設定情報の有効期間
- Password recovery question complexity：パスワード再設定用質問の複雑性

 パスワード再設定用質問の複雑性は、質問ではなく回答の長さに適用される。

パスワードポリシーの作成に引き続き、ユーザのパスワード再設定を実施させる条件などを定義するパスワードポリシールールの設定に移る。

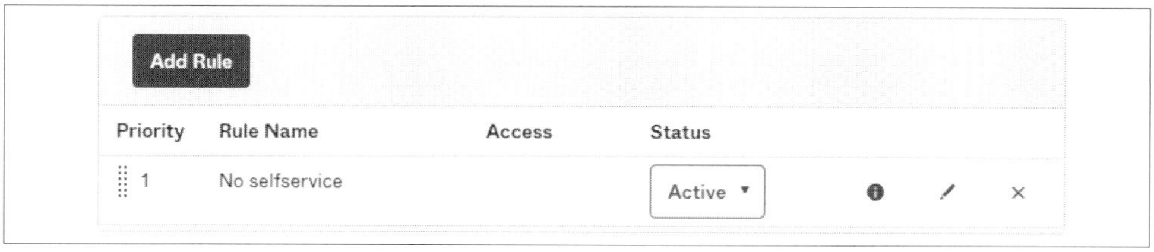

図3-4 パスワードポリシールール

　ポリシーに対して複数のルールを追加することで、複数の条件を組み合わせて制御を行うことができる。追加のルールを作成する場合は、**Add Rule**ボタンをクリックする。

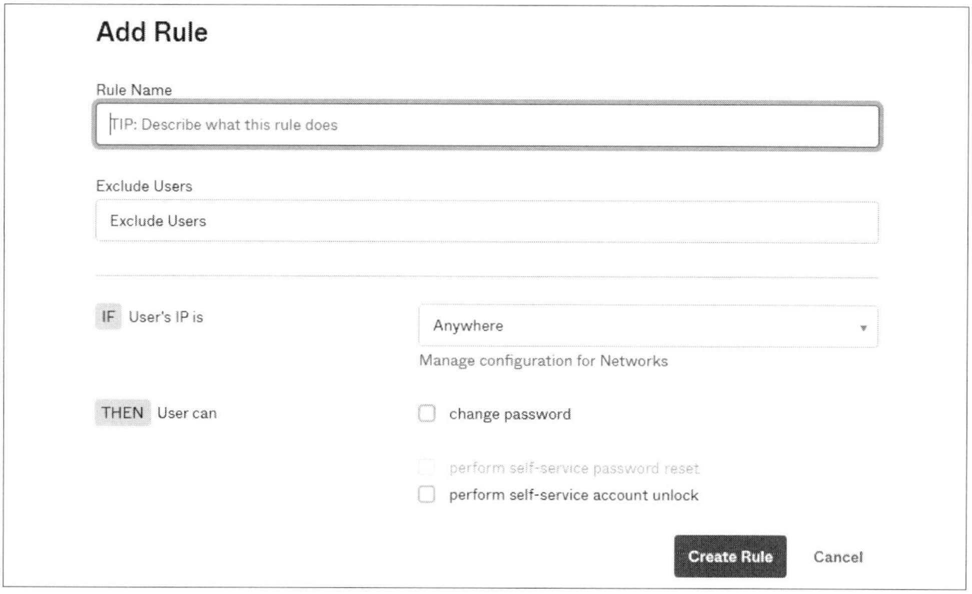

図3-5 パスワードポリシールールの設定画面

　ルールには、次の設定が存在する。

- Rule Name：ルールの名前
- Exclude Users：ルールの適用対象外とするユーザ

IF User's IP is：IPアドレスの範囲。次から選択する。

- Anywhere、In zone、Not in zone

　ゾーン（Zone）については、「5章　LCM（Life Cycle Management）による処理の自動化」で説明するゾーン設定メニューで設定する。

THEN User can：次のオプションを設定できる。

- change password
- perform self-service password reset：change passwordがチェックされていると、このオプションがチェック可能となる。
- perform self-service account unlock

これらのルール設定により、Oktaのユーザに対する動作が制御される。

パスワードポリシーの設定が完了したら、引き続きサインオンポリシーの設定を行う。次の節で設定方法について見ていこう。

3.1.1.1　サインオンポリシー

サインオンポリシーは、割り当てられたグループに所属するユーザのサインインをリスク要素に基づき評価するルールである。設定した条件に基づき、サインインの許可、拒否や、追加のセキュリティ要素の要求が行われる。

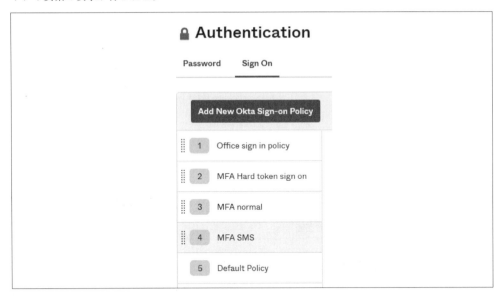

図3-6　サインオンポリシーの適用順画面

パスワードポリシーと同様、サインオンポリシーも先頭のポリシーから順に末尾のポリシーまでが順に評価され、最初に適用条件に合致したポリシーが用いられる。

サインオンポリシーにはグループの割り当てが必須である。適用範囲の狭いグループをリストの上位に設定すること。全員がメンバのグループに適用されるポリシーを最上位に配置してしまうと、それ以降のルールが参照されなくなってしまう。

ポリシーを作成する際は、Add New Okta Sign-on Policyボタンをクリックする。

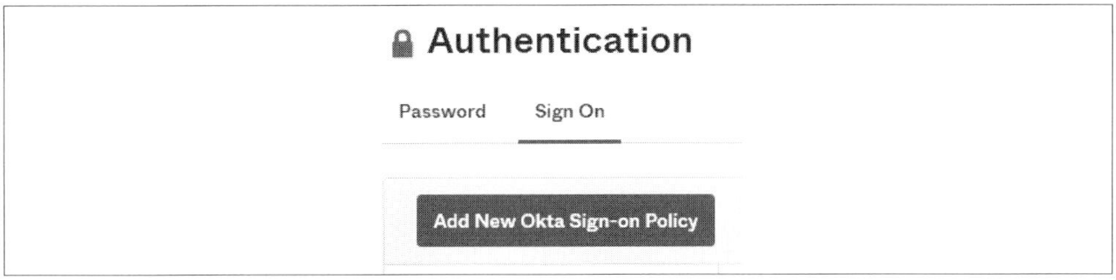

図3-7 Add New Okta Sign-on Policyボタン

表示された次のウインドウで設定を行う。

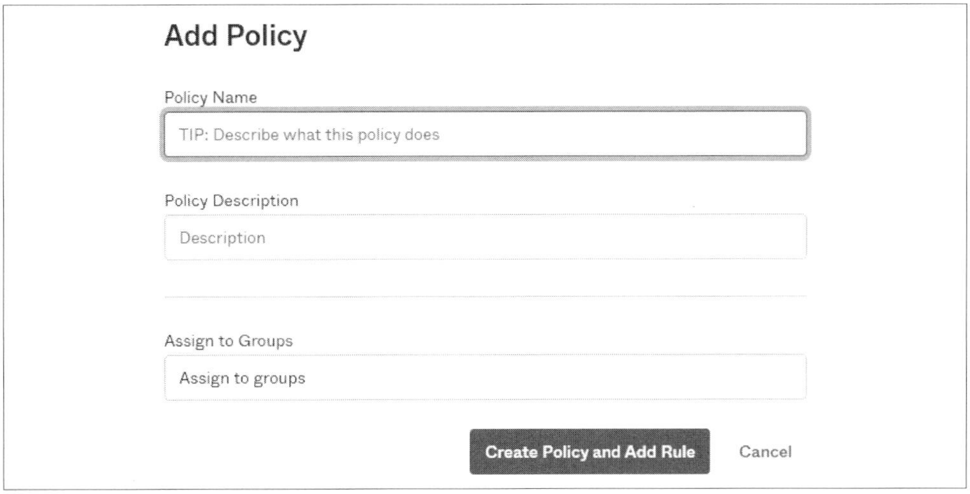

図3-8 サインオンポリシーの基本設定

ウインドウには次のフィールドがある。

- **Policy Name**：ポリシー名
- **Policy Description**：ポリシーの説明
- **Assign to Groups**：割り当てるグループ

Create Policy and Add Ruleをクリックすると、次のサインオンポリシールールの設定画面が表示される。

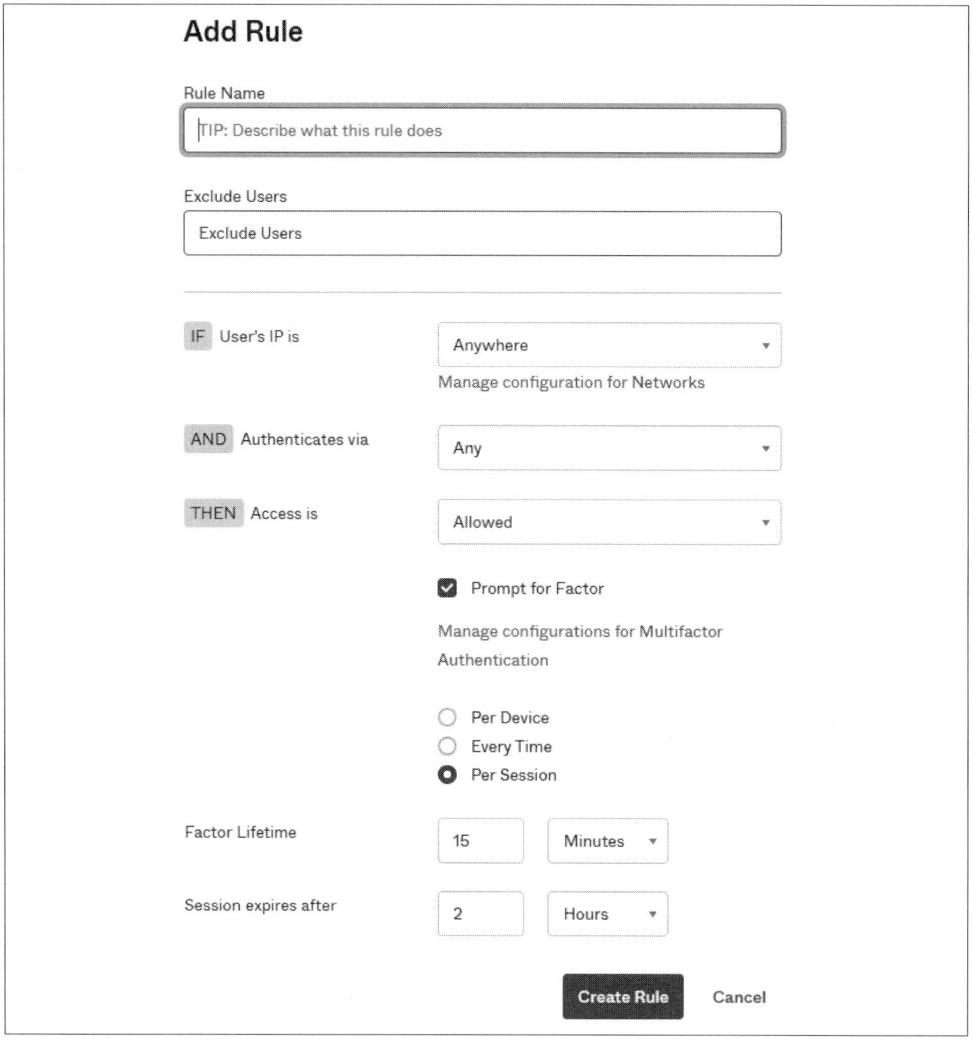

図3-9　サインオンポリシールールの設定画面

　必要なセキュリティ要件に応じて、**IF**、**AND**、**THEN** ステートメントを用いて複数の条件を指定することができる。

　各オプションの詳細を次に示す。

- Rule Name：ルールの名前
- Exclude Users：ルールの適用対象外とするユーザ

IF User's IP is：IPアドレスの範囲。次から選択する。

- Anywhere、In zone、Not in zone

AND Authenticates via：認証方式を次のオプションから選択する。

- Any（**任意の認証方式**）、LDAP、RADIUS

AND Behavior is：振る舞い条件を設定する。詳細は「4章　AMFA（Adaptive Multi-Factor Authentication）によるセキュリティ向上」を参照のこと。

AND Risk is：リスクを Any、Low、Medium、High から設定する。このオプションは ALM ライセンスがないと表示されず、利用できない。

THEN Access is：Allowed もしくは Denied を設定する。

- Prompt for Factor：多要素認証を必須とする際にチェックする。チェックした場合は、多要素認証を実施するタイミングを次から設定する。
- Per Device：新規デバイスでのサインイン時もしくは Cookie がブラウザでクリアされた時
- Every Time：Okta へのサインイン時。セッションや Cookie の状況に依存しない。
- Per Session：セッション単位の詳細な制御を行う。次に示す時刻ベースのオプション2つを設定する。
- Factor Lifetime：多要素認証の有効期限の設定 — 分、時、日単位に設定する。
- Session expires after：セッションを無効化するまでの時間 — 分、時、日単位に設定する。

ユーザが所属するグループごとに異なるポリシーを設定することで、ユーザの状況に応じたセキュリティ設定が実現する。

　これで、ユーザはパスワードポリシーに基づく強力なパスワードの設定が必須となり、さらに Okta へのアクセスがサインオンポリシーに基づいて制御されるようになった。ユーザがサインインすると、Okta の SSO ダッシュボードの利用が可能となる。次の節では、一般ユーザがダッシュボード上でできることについて見ていこう。

3.2　OktaダッシュボードとOktaモバイルアプリの活用

　Okta には、一般ユーザが自身の利用するアプリケーションを管理するためのダッシュボードが用意されており、利便性の向上が図られている。ユーザ自身でアプリケーションの配置を変更することが可能なほか、タブを活用することでアプリケーションの管理をさらに便利に行うことができる。ダッシュボードでは、ユーザがアプリケーションごとにパスワードを設定したり、それを後から変更したりすることも可能である。これについての詳細は本章で後ほど説明する。また、設定次第では、個人で使用するアプリケーションを、5,000以上のアプリケーションが収められたアプリケーションストアから追加することもできる。ただし、一般ユーザが、アプリケーションと Okta 自

体との連携を設定できる訳ではないので、可能な設定はアプリケーションごとのパスワード設定に限定される。

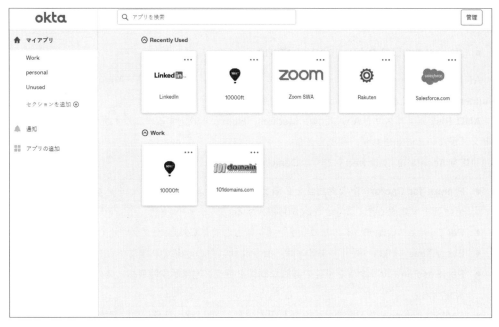

図3-10　一般ユーザのアプリケーションダッシュボード[*1]

　新規アプリケーションが追加されると、ユーザがダッシュボードを参照した際に通知が行われる。その場で通知を参照しなかった場合でも、メニューの左にある**通知**（Notifications）から後ほど参照することが可能である。

　同じメニューから、ユーザが自身のプロファイルを編集することもできる。詳細は、「6章　ユーザインタフェースのカスタマイズ」で説明する。

3.2.1　Okta Mobileアプリ

　Okta MobileアプリはOktaダッシュボードのモバイル版である。管理者は、一般ユーザにOkta Mobileアプリを使わせるかどうか、どのアプリを表示させるか、アクセスの際にどのようなセキュリティ要素を要求するかを設定できる。

　Okta Mobileアプリへサインインするには、まずアプリをストア（iOSの場合は**Apple App Store**、Androidの場合は**Google Play**ストア）からモバイル機器にダウンロードする必要がある。

[*1]　［訳注］本書執筆時点ではOktaのダッシュボード画面は更改中である。この画面は2021年10月前後での更改が予定されている新しい画面である。

ダウンロード後に、アクセスを行うための環境設定を行う。

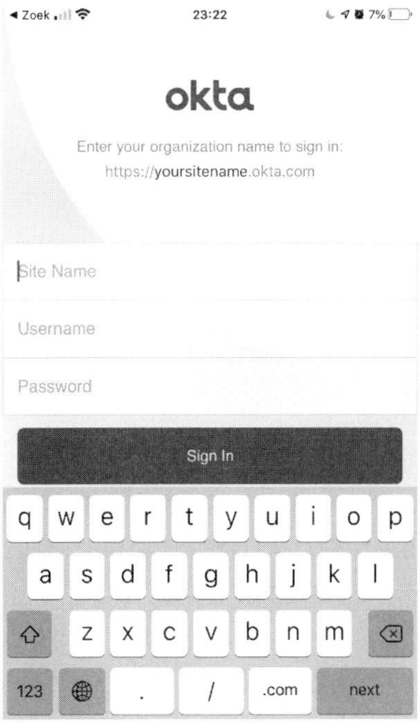

図3-11 Okta Mobileのログイン画面

次の情報を入力する。

- Site Name：Oktaのドメイン名。**図3-11**の画面で示されている通り、URLではなく、サイト名部分だけを入力する。

  okta-emea.comドメインを使っている場合は、Okta orgを識別するために、URL全体を入力する必要がある。

- Username：ユーザ名
- Password：パスワード

サインインするとPINの設定を求められる。PIN設定後、Okta Mobileアプリにデバイスからサインインするための認証方式として、AppleのTouch IDやGoogleのface unlockといったデバイス固

有のセキュリティ機能を追加することができる。これにより、強固な認証が実現する。

　ここまでの設定を行うことで、Okta Mobileアプリからアプリケーションにアクセスすることが可能となる。

　Okta Mobileアプリ上でアプリケーションを非表示にするには、管理コンソール上で**Applications**から非表示にしたいアプリケーションをクリックし、**General**タブにある**App settings**セクションから**Edit**をクリックしてから**Application visibility**の右にあるチェックボックスをチェックする。

　ここまで一般ユーザ側を見てきたので、今度は管理者側の操作について見ていこう。

3.3　OIN（Okta Integration Network）によるアプリケーション管理

　多くの企業においてOktaの導入の理由となるのは、アプリケーションとの連携に要する維持費の削減である。これはOktaの創世期からのテーマであり、**OIN**（Okta Integration Network）がOktaの主要なサービスとして長年存在し続けている理由でもある。現在、OINには6,500以上にもおよぶ、さまざまなアプリケーションとの連携が収められている。

　OINの特徴は、SSOとプロビジョニングのためのAPIすべてがOktaによって維持されている点であろう。連携先にはクラウドサービスだけではなく、オンプレミスのWebベースのアプリケーションも含まれており、**SWA**（Secure Web Authenticsation）、**SAML**（Security Assertion Markup Language）、**OIDC**（OpenID Connect）といった複数の連携方式がサポートされている。これらの方式をサポートしているアプリケーションであれば、オンプレミスのアプリケーションやVPNサービスのようなものであっても、OINに連携が存在していないアプリケーションをOktaと連携させることが可能である。以降で詳細を説明する。

　SAMLは2002年頃に登場し、アプリケーションベンダやIDプロバイダにとって、デファクトとして位置づけられているSSOプロトコルである。SAMLプロトコルは1.1、1.2と改版され、現時点では2.0となっているが、古いバージョンのSAMLを用いているベンダも存在する。古いバージョンであってもOktaと連携させることは可能であるが、設定や使用に際して完全に互換性があるわけではない。

　管理者としてOINを活用する方法は2通りある。例えば、OktaのOINサイトで連携方式、アプリケーション名、サービスのカテゴリなどで検索を行うといった形で活用ができる。これは、例えば人事システムといった新規システムを検討している際に有用である。さまざまなアプリケーションを簡単に検索でき、どのような人事システムで要件に合致する連携が可能であるかを確認することができる。

　もっとも、OINの活用形態としてまず挙げるべきは、管理コンソール経由の利用であろう。管理

コンソール上で**Applications**⇒**Applications**と移動し、**Add Application**をクリックすることで[*2]、OIN内で利用可能な連携のカタログを検索することができる。アプリケーションはカテゴリごとに分類されている。

CATEGORIES	
All Integrations	7128
Analytics and Automation	638
Collaboration Software	928
Developer Tools and Productivity	629
Directories and HR Systems	378
Data Privacy and Consent Management	5
Identity Proofing	5
Identity Governance and Administration	11
Marketing and Operations	725
Security	712
Social Login	5
Zero Trust Ecosystem	53

図3-12 OINのカテゴリ一覧

　All Integrationsカテゴリからは、すべてのアプリケーションを参照できる。**Directories and HR Systems**には、ディレクトリの連携元として利用できるアプリケーションがある。ここから必要とするアプリケーションを検索することができるだろう。検索された各アプリケーションのタイルには利用可能な連携方式や機能が表示されている。次の例では、連携方式としてSWA、SAML、それに加えてプロビジョニングが利用可能であることが確認できる。連携方式については、本節の後半で説明する。

---

*2　［訳注］新しいOktaでは代わりに**Browse App Catalog**をクリックする。

図3-13 検索されたアプリケーションタイル

　タイルをクリックすることで、連携に関する詳細ページに移動し、連携要件の詳細を確認できる。次のような項目が表示される。

- Overview：アプリケーションの説明
- CATEGORIES：OINにおける本アプリケーションのカテゴリ
- LAST UPDATE：連携要件の最終更新日時
- Capabilities：連携可能なプロトコルの種類や利用可能なプロビジョニング機能など

　ここまでOINについて説明した。引き続きSWAとフェデレーション（SAMLなど）という2種類の連携方式について、詳細を説明する。

　なお、ここではOINに登録されていないアプリケーションを追加する標準的な方法に特化した説明を行う。OINから入手可能なアプリケーションについては、通常連携手順についてのドキュメントが提供されており、OktaとSaaSベンダの双方によって適切な設定が整備されている。

3.4　SWAによる基本的な連携

　前述した通り、連携方式にはいくつか種類がある。**SWA**はその1つである。この方式は、フェデレーションによる認証をサポートしないアプリケーション、すなわちSSO認証をサポートしていないか許可しておらず、複数のシステムやプラットフォーム間で信頼済のユーザの認証トークンがサポートされていないアプリケーションを対象として提供されている。SWAでは、Oktaはユーザの資格情報を強力な暗号化とユーザが指定する秘密鍵を用いてセキュアに格納する。エンドユーザがアプリケーションの画像をクリックすると、資格情報がアプリケーションの認証ページにSSL経由で送られる。SWA連携においては、次のいずれかの方式で資格情報の設定を行う。

- User sets username and password：ユーザがユーザ名とパスワードを設定する。
- Administrator sets username and password：管理者がユーザ名とパスワードを設定する。
- Administrator sets username, user sets password：管理者がユーザ名を設定し、ユーザがパス

ワードを設定する。

- Administrator sets username, password is the same as user's：管理者がユーザ名を設定し、パスワードはユーザのパスワードをそのまま用いる。

- Users share a single username and password set by administrator：ユーザは管理者によって設定された単一のユーザ名とパスワードを共用する。

これらの設定はその名の通りではあるが、考慮すべき点がいくつかある。

ユーザがユーザ名とパスワードを設定する方式は、通常すでに企業内で使用されており、ユーザ名とパスワードが設定済のアプリケーションに対して用いられる。これはLinkedInなど個人アカウントのアプリケーションをOkta経由で使わせたい場合に用いることもできる。

管理者が両方を設定する方式は、例えば企業が新規アプリケーションを展開する際に、管理強化の目的で一般ユーザに資格情報を見せないような場合に用いられる。これが機能する前提として、一般ユーザ側でアプリケーションのパスワードの再設定や変更を行う機能が無効化されている必要がある。

設定手順を次に示す。

1. アプリケーション側でユーザを作成してパスワードを設定する。
2. Okta側でOINとの連携を行う。
3. Applications⇒Applicationsと移動し、設定したいアプリケーションをクリックし、Sign Onタブに移動する。
4. Settingsセクションの**Edit**をクリックして必要な設定を行う。
5. アプリケーションをユーザに割り当て、資格情報を設定する。

この手順で設定したパスワードは、ユーザ、管理者のいずれもOkta上で再確認できない点に留意すること。

パスワードをOktaと同一とするオプションを設定する際は、アプリケーションがプロビジョニング機能を有していることが強く求められる。アカウントが連携先のアプリケーションで作成された際に、ユーザ名がプロビジョニング機能を経由して連携される。

最後のオプションは、複数ユーザで単一のアカウントを共有するというものである。これは、例えば企業のソーシャルメディア用アカウントなどに用いることができる。管理者側で資格情報を設定し、アプリケーションをユーザに割り当てることで、ユーザは資格情報を意識することなくアプリケーションにアクセスできる。これにより、ユーザが退職してOktaへのアクセス権を喪失すると、アプリケーションにアクセスできなくなる。

SWAアプリケーションが機能するためには、ユーザがOkta Browserプラグインをインストールする必要がある。プラグインはブラウザ標準のアプリケーションストアから入手できるが、Internet Explorerについては、管理者側でエンドユーザにOktaダッシュボードから直接ダウンロードを可

能とする必要がある。プラグインが必要なのは、セキュリティ上の理由による。エンドユーザが
SWAアプリケーションをクリックすると新規のタブが開き、資格情報がOktaからSSL経由で取得
されてアプリケーションに送信される。プラグインは信頼済で検証されたサイトでのみ動作する。

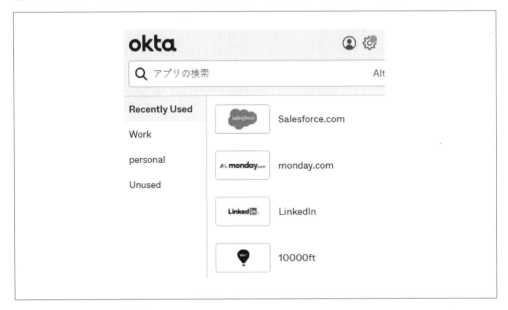

図3-14　Okta Browserプラグイン

プラグインには様々な機能がある。

- Oktaへのサインイン：ユーザがサインインしていない状態でOkta Browserプラグイン内のア
  プリケーションをクリックすると、Oktaへのサインインを求められる。
- アプリケーションへの自動サインイン：ユーザがOktaにサインインしている状態でアプリ
  ケーションのログインページを直接開くと、プラグインは資格情報を自動的に設定した上で、
  ユーザをサインインさせる。
- 資格情報の保管：ユーザがこれまで使っていなかったSWAアプリに対して資格情報を入力し
  てログインすると、ユーザが入力した情報がOktaに保管される。
- パスワードの自動更新：ユーザがアプリケーション内でパスワードを変更すると、プラグイ
  ンは新しいパスワードを保管する。パスワードを更新する際に必要であれば、古いパスワー
  ドを入力することもできる。
- ユーザの変更：人マークのアイコンをクリックしてユーザを選択することで、簡単にユーザ
  を変更することができる。
- 管理コンソールへのアクセス：管理者には、一般ユーザ向けのダッシュボードの代わりに、

管理コンソールへのリンクが表示される。

　OIN内にSWAアプリケーションが存在していないアプリケーションについても、テンプレートを元に、**AIW**（Application Integration Wizard）というウィザードを用いて簡単に設定を行うことができる。ウィザードによる設定は簡単であるが、すべてのアプリケーションで機能する訳ではない。とはいえ、まずはテンプレートから始めるのがよいだろう。次のテンプレートが存在する。

- Template App
- Template Plugin App
- Template Two Page Plugin App
- Template Plugin App 3 Fields
- Template Frame Plugin App
- Template Basic Auth

　これらのテンプレートは、**Applications**⇒**Applications**に移動し、**Add Application**をクリックして*3テンプレートを検索し、**See All Results**をクリックすることで参照できる。

　アプリケーションがフォームベースのPOSTによる認証をサポートしている場合は、Template Appを用いる。設定ページの**General**セクションで次の情報を入力する。

- **URL**：情報をPOSTするフォームのURL。これはフォーム情報を参照するページのURLではないことに注意
- **Username parameter**：ユーザ名が格納されているフォームのパラメータ
- **Password parameter**：パスワードが格納されているフォームのパラメータ
- **Optional parameter name**および**Optional parameter value**：フォームから送信する必要がある静的データ
- **Application Visibility**：アプリケーションをダッシュボード上でユーザに表示するかどうか。
- **Browser plugin auto-submit**：ユーザがアプリケーションにアクセスした際に自動的にユーザの資格情報を送信させたい場合にチェックする。

　Template Plugin AppやTemplate Two Page Plugin Appといったテンプレートは、ほぼ同様の設定を行うため、ここでは一緒に見ていこう。まずは**Add Applications**ページで設定したいTemplateアプリケーションを検索し、ついで前述した**General settings**セクションと同様の設定を行う*4。

- **Application label**：ユーザに表示するアプリケーション名
- **Login URL**：ログインフォームが表示されるページのURL

---

*3　［訳注］新しいOktaでは代わりに**Browse App Catalog**をクリックする。
*4　［訳注］テンプレートによっては存在しない設定もある。

- Frame URL：フレームのURL
- Redirect URL：ログインページへのURLがリダイレクトされる場合は、そのURL
- Regular expression：オプションであり、URLへのアクセスを制限したい場合の制限パターンを定義する。
- Username field：ユーザ名フィールドのCSSセレクタ
- Password field：パスワードフィールドのCSSセレクタ
- Login button：ログインボタンのCSSセレクタ
- Checkbox：チェックボックス（例えば、ログインページ上にある規程に同意させるためのチェックボックスなど）へのCSSセレクタ
- Next button：次のページへ遷移させるボタンのCSSセレクタ
- Extra field selector：拡張フィールド（Template Plugin App 3 Fieldsで利用可能であり、例えばログインに必要な企業名を入力させるためのフィールド）のCSSセレクタ
- Extra field value：拡張フィールドに入力する値

すでに気づいているかもしれないが、Template Pluginアプリは提供されたパラメータではなくCSSセレクタを用いている。これらのCSSセレクタを確認するにはどのようにすればよいのか？

- ログインフォームのページを開く。
- いずれかのフィールドをクリックしてから、右クリックすると現れる**検証（Inspect）**メニューを選択する。

これにより、Chromeの開発者ツールが表示される。**Elements**ペイン上で、CSSセレクタに必要なIDとタイプを確認することができる。

```
•••                    <input type="text" name="u" maxlength="100" size="25"
                       value class="textBox" id="loginInner_u"> == $0
              </td>
          </tr>
        ▶ <tr>…</tr>
        ▶ <tr>…</tr>
          </tbody>
        </table>
    ▶ <p>…</p>
    ▶ <p class="center">…</p>
      <input type="checkbox" name="auto_logout" value="true" class=
      "checkBox" id="auto_logout">
      <label for="auto_logout">ブラウザを閉じるときオートログインを無効
```

```
…  div#loginInner  table.loginBox  tbody  tr  td.loginBoxValue  input#loginInner_u.textBox  .
```

```
Styles   Computed   Layout   Event Listeners   DOM Breakpoints   Properties   Accessibility
```

図3-15　CSSセレクタの設定例

ここまで、SWAアプリケーションの基本的な設定について確認した。引き続き、AIW（App Integration Wizard）を用いて、これらを設定する方法について見ていこう。

3.4.1　SWAとAIW

SWAを用いてアプリケーションを連携させる簡単な方法はAIWの使用である。これは、Application ⇒ Applicationと移動し、**Add Application**をクリックの上、**Create New App**をクリックすることで表示される。連携形式として、SWA、SAML、OIDCアプリケーションを選択する画面が表示されるので、**SWA**を選択して**Next**を押すことで、次のような情報の入力を求められる[5]。

- **App name**：ユーザに表示されるアプリケーション名
- **App's login page URL**：ログインページのURL
- **App logo**：オプションとしてロゴ画像をアップロードできる。これにより、ユーザがダッシュボード上でアプリケーションを探しやすくなる。
- **App visibility**：ダッシュボード上でユーザにアイコンを表示するかどうかを制御できる。加えて、Okta Mobileアプリ上で（モバイルアクセス時に）表示するかどうかも制御できる。
- **App type**：この連携が内製アプリケーションのものであり、社外で使用されることを想定していない場合は、このボックスをチェックする。

---

[5]　［訳注］新しいOktaのインタフェースでは、**Add Application**をクリックする代わりに**Create App Integration**をクリックすることで同様の画面に遷移する。

　これらの設定を行った後に、前述したユーザ名とパスワードを設定する方法のいずれか1つを選択する。

　アプリケーションの追加に関する詳細情報については、以下を参照のこと。

https://help.okta.com/en/prod/Content/Topics/Apps/Apps_Apps.htm

3.5　SAMLとOpenID Connectアプリケーションの活用

　OktaのSSO機能をフル活用するのであれば、SAML（Security Assertion Markup Language）やOIDC（OpenID Connect）といったフェデレーションプロトコルの活用が推奨される。ログイン時の処理の流れや処理方法は両者で異なるが、アプリケーションの認証をOktaのようなIdP（Identity Provider）に委任し、アプリケーション側でのパスワード保持を不要とするという点では同一である。ユーザは複雑なパスワードを個別に管理する必要がなくなり、代わってアプリケーションがIdPを参照して認証を実施する。SAMLとOIDC双方について説明を行う中で、共通な点と異なる点について確認していこう。

　SAMLはXMLをベースにして作られたフレームワークで、IdPとSP（Service Provider）間での、ユーザ認証、資格情報、属性情報のやりとりを実現する。XMLの柔軟性を活用することで、IdPとSPの連携に基づき、様々な情報を加工して送信することが可能である。

　各メッセージは署名されたx.509証明書を用いることでセキュアにやりとりされる。SSO連携設定の際に、SPが受信したリクエストを検証するための公開証明書がIdPから提供される。IdPから送信されるSAMLレスポンスは秘密鍵を用いて署名され、SP側では提供された公開証明書で検証する。これにより、SPは送信元を確認してIdPを信頼することが可能となる。

　SP視点での典型的なログイン処理の流れの例を**図3-16**に示す。

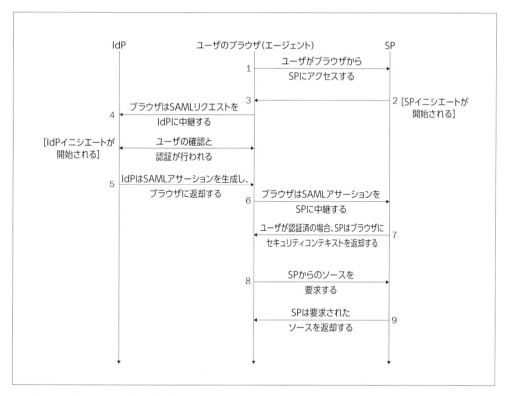

図3-16 SPイニシエートのログイン処理の流れ

　この図ではユーザによるSPとの通信が起点となっている（SPイニシエートのログイン処理）が、IdPを起点とすることも可能である（IdPイニシエート）。処理の流れは似ているが、リクエストの起点が異なる。

　認証処理の流れの中で、連携先アプリケーションのリソースへのアクセス許可といった認可要求も併せて行う傾向が近年とみに増しているが、SAMLではそれを処理の中核には据えていない。そうした処理をログイン処理の中で行うことは可能であるが、これはSP側でのみ設定可能であるため、通常ユーザや管理者が有効化したり設定を行ったりすることはできない。

　SAML連携の機能を有しているがOINで連携設定が用意されていないアプリケーションについては、AIWを用いて独自の連携を設定することが可能である。連携設定の中で、SAMLリクエストで必要なXMLの生成が行われる。

　設定に際してはアプリケーション側の情報が必要であるため、ドキュメントもしくはサポートなどを通じて入手しよう。設定を行うには、Application⇒Applicationと移動し、Add Applicationをクリックして、さらにCreate New Appボタンをクリックする。表示されるウインドウでSAML 2.0を選択してCreateをクリックし、表示されるページのGeneral Settingsセクションで、次のような

設定を行う。

- **App name**：ユーザに表示されるアプリケーション名
- **App logo**：オプションとしてロゴ画像をアップロードできる。これにより、ユーザがダッシュボード上でアプリケーションを探しやすくする。
- **App visibility**：ダッシュボード上でユーザにアイコンを表示するかどうかを制御できる。加えて、Okta Mobileアプリ上で（モバイルアクセス時に）表示するかどうかも制御できる。

Nextをクリックし、表示されるページでSAML関連の設定を行う。

- **Single sign on URL**：HTTP POSTでSAMLアサーションが送信されるURL。アプリケーションのドキュメントではSAMLアサーションコンシューマサービスのURLと呼ばれることもある。
- **Audience URI（SP Entity ID）**：アプリケーション側で定義されるユニークなID。通常SP Entity IDと呼ばれる。
- **Default RelayState**：SSOがIdPからイニシエートされる際に、アプリケーションのリソースを識別するための情報が格納されるフィールド。通常は空欄のままでよい。
- **Name ID format**：SAMLアサーションのSubjectに対するステートメント用の処理ルールや制約。アプリケーションからの指定がなければ、デフォルトの**Unspecified**のままにしておくこと。

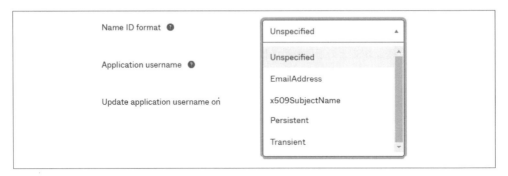

図3-17　Name ID formatで指定可能なオプション

- **Application username**：アプリケーションがSAMLアサーションのSubjectに対するステートメントで使用するユーザ名の形式
- **Update application username on**：**Create and update**のみが選択できる。

Application usernameは、以下から選択する。

- Okta username

- Okta username prefix
- Email
- Email prefix
- Custom
- (none)

必要に応じて、**Show Advanced Settings**をクリックして、次の図に示す高度な設定を行う。

図3-18 高度な設定

　最後に、必要に応じてユーザおよびグループに対するSAML属性ステートメントの設定を行う。これはアプリケーションが何らかの値の設定を必要とする場合や、追加の値を設定したい場合に利用する。設定する場合は、Name、Name format、ValueもしくはFilterのペアを追加する。

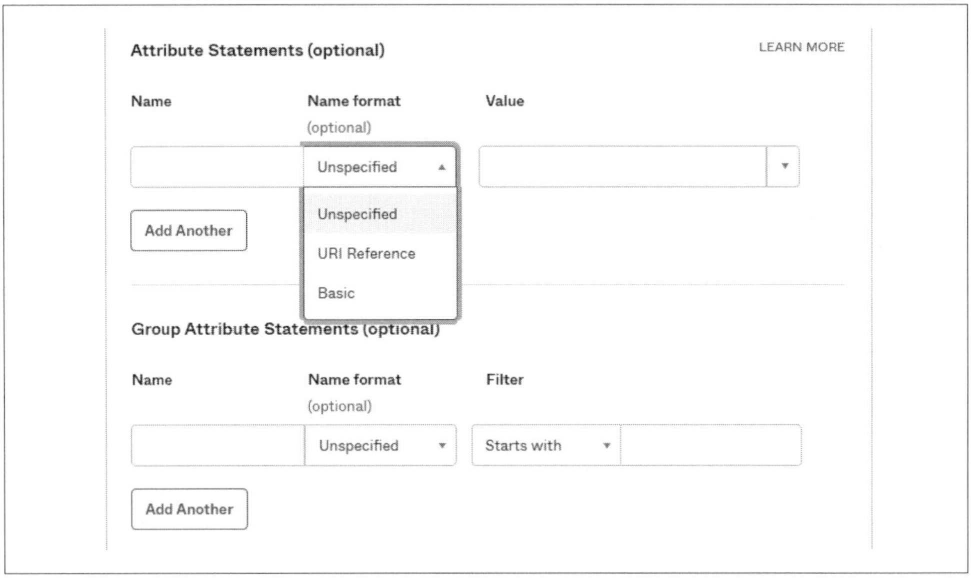

図3-19　SAML属性ステートメントの設定画面

　値の設定に、Oktaの式言語（Expression Language）を用いることもできる。詳細については「5章　LCM（Life Cycle Management）による処理の自動化」を参照のこと。複数のステートメントが必要な場合は、**Add Another**ボタンをクリックして追加する。ステートメントを作成する際にヘルプが必要な場合は、**LEARN MORE**リンクをクリックして、Oktaのサイトを参照できる。

　設定が完了したら、実際に使う前にSAMLアサーションを確認することができる。アプリケーション開発元のドキュメントがあれば、本設定で生成したSAMLアサーションと比較するとよい。アプリケーションがOktaの証明書を必要とする場合は、右側のペインからダウンロードが可能である。問題がなければ、**Next**をクリックする。**Finish**をクリックする前に、Oktaへのフィードバックを任意で行うことができる。

　引き続き、OpenID Connectおよびその設定方法について見ていこう。

　OIDCは、あるサービスが別のサービスに対して要求したデータに対して、限定的なアクセス権を付与するためのフレームワークであり、OAuth2.0上に構築されている。例えば、Gmailのメールプラグインが、コンタクトの読み取り、書き込み、削除権を要求する場合を考えてみよう。これは認証処理そのものではないため、認証処理機構の上で、アカウントに対する限定的なアクセス権の要求と付与を行い、シングルサインオンを実現するためにOIDCが用いられる。一般的で広く使われているOIDCの一つがGoogleの**Login with Google**などの、主要なソーシャルログインオプションである。

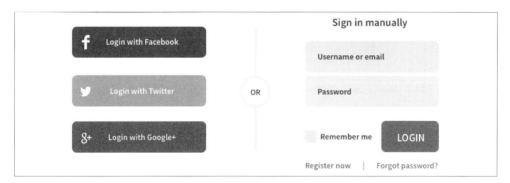

図3-20　OIDCを用いたソーシャルログイン

　OIDCでは、IDトークンがIdPとの認証で用いられる。これはOIDCの様々な処理フロー（例えば暗黙のフロー、認証フロー、ハイブリッドフローなど）で用いられる。これらの処理フローはすべて、RP（Relying Party）とIdP間のセキュアな通信で行われる。この通信の中で、処理フローが確認、検証され、ユーザの認証におけるデータや情報のやりとりがセキュアに行われる。

　アプリケーションにサインインするには、IdPを認証サーバとして利用する以外の方法がないため、ポリシーやセキュリティ機能を処理フローに追加することはできない。ただし、既に説明した通り、Okta側で、アプリケーションへのアクセスをセキュアに行うために、アプリケーションポリシーにリスク評価や多要素認証を追加することが可能であり、これにより、アプリケーションにアクセスする際の関門を追加することができる。

　OIDCアプリケーションは、ウィザードにより簡単に設定できる。他の方式と同じく、Application⇒Applicationと移動し、**Add Application**から**Create New App**をクリックすると表示されるウインドウで**SAML 2.0**を選択する。最低限必要な設定は簡単である。

- **App name**：ユーザに表示されるアプリケーション名
- **App logo**：オプションとしてロゴ画像をアップロードできる。
- **Login redirect URIs**：OktaがOAuthレスポンスを送信するURI。OIDCの仕様上、このURIは絶対URIである必要がある。複数のURIを設定することができる。
- **Logout redirect URIs**：オプションであり、ログアウト用のURIを1つまたは複数設定できる。前述の設定と同様、絶対URIで指定する必要がある。

　Saveをクリックすると、引き続き追加設定のページに自動的に移動する。アプリケーションの種別によって設定が多少異なるが、PlatformでWebもしくはSingle Page App (SPA)を選択した場合は、次の設定項目がある。

- **Login initiated by**

次のオプションを選択可能である。

- **App Only**：アプリケーションのタイルは表示されず、アプリケーションはバックグラウンドで開始される。
- **Either Okta or App**：Application visibilityオプションおよびLogin flowオプションを設定する。
- **App Embed Link**: Okta外からOIDCクライアントにログインする際に使用するリンク

さらに、以下の設定を行う。

- **Initiate Login URI**：サインインのリクエストを開始するためのURI。表示されているURIを適宜変更する。

ここで**Save**をクリックする。必要な場合はクライアント用のシークレットを新規に作成することもできる。作成する場合は**Client Credentials**セクションの**Edit**をクリックしてから、**Generate New Client Secret**をクリックする。

Platformで**Native app**を選択した場合は、**General Settings**セクションで初期設定を行い、**Save**をクリックする。引き続き表示された画面の**Client Credentials**セクションで、**Client authentication**オプションを以下から選択する。

- **Use PKCE（for public clients）**：これは最初にトークンを要求するクライアントのみが設定可能であり、ネイティブアプリケーションに推奨される。
- **Use Client Authentication**：クライアントのシークレットがクライアント上に保持され、IDの検証時にリクエストとともに送信される。これはセキュリティ上劣るため、ネイティブに配布されているアプリケーションでは推奨されない。

なお、先の**Platform**で**Web**を選択した場合についても、必要な場合新規のクライアントシークレットを生成できる。

以上、様々な連携方式について一通り説明した。次は外部SSOについて説明する。

3.6　外部SSO[*6]の管理

Oktaは、サードパーティによる外部IdPのユーザと認証機構によるサインインをサポートしている。外部IdPとしては、MicrosoftやGoogleだけではなく、汎用的なSAMLアプリケーションを設定することも可能である。委託先や外部パートナが社内アプリケーションにアクセスする際、彼らのIdPを用いてセキュアに認証させたい場合もあるだろう。Oktaの外部SSO機能を用いることで、外部のIdPと連携し、そこに存在しているユーザで認証を行うことが可能となる。

Oktaは前述した方式のいずれであっても簡単に連携を行うことができるが、ここではSAMLの

---

*6　［訳注］原文ではinbound SSO。

IdPとの連携に焦点を当て、外部IdPによるサインインを実現する手順と、その際のオプションについて説明する。

図3-21 設定済の外部IdP一覧

Security⇒Identity Providersと移動することで、設定済の外部SSOの一覧ページが表示される。

Add Identity Providerボタンをクリックすると、IdPのタイプを選択することができる。ここではSAML IdPの設定を行う。

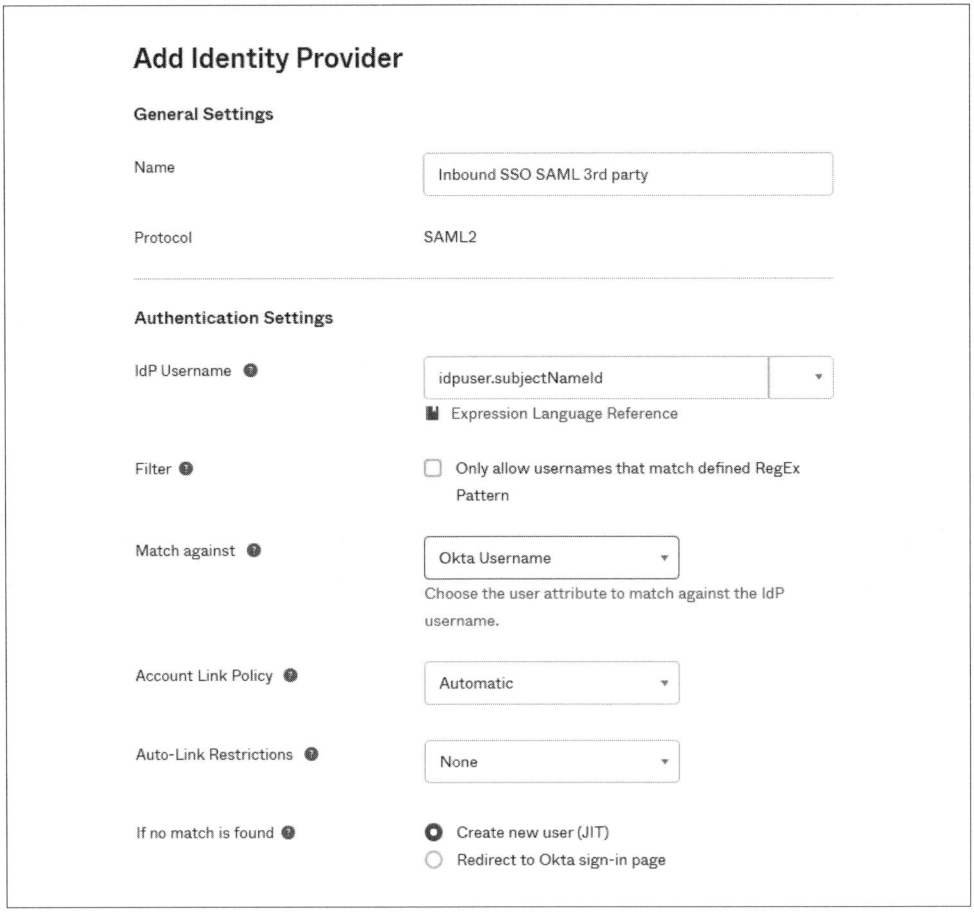

図3-22　IdP の追加

設定ウインドウが開かれるので、設定を行っていこう。

- **Name**：この連携の名前
- **Protocol**：直前の選択に基づき値が設定されており変更できない。
- **IdP Username**：外部ユーザのユーザ名を設定する条件式を追加するためのフィールド。デフォルトの値をそのまま用いてもよい。
- **Filter**：外部ユーザをフィルタするための正規表現パターンを設定できる。
- **Match against**：認証をセキュアに行うために、外部ユーザ名に対応づけたい属性を選択することができる。
- **If no match is found**：以下で詳細に説明する。

ユーザ名の対応づけができなかった際の対応として、2つのオプションがある。

- **Redirect to Okta sign-in page**：ユーザに対し、Oktaによる認証を個別に実施させる。
- **Create new user (JIT)**：このオプションを選択した場合は、さらに追加の設定を行う。

JIT（Just-in-Time）プロビジョニングについては、「2章　UD（Universal Directory）の活用」で簡単に言及した。これがIdPディスカバリの際どのように機能するかを見ていこう。

- **Profile Source**：JITが有効な場合、ユーザのマスタを外部IdPとし、サインインする度に属性を更新することができる。
- **Group Assignments**：SAML接続の際に、ユーザを定義済のグループに直接プロビジョニングすることができる。

これには、次のようなオプションがある。

- **None**：グループの割り当ては行われない。
- **Assign to specific groups**：指定したグループにユーザを割り当てる。
- **Add user to missing groups**：SAMLアサーションにSAMLグループ属性が存在している場合、Oktaはグループのフィルタ設定に基づき、ユーザをグループに割り当てる。
- **Full sync of groups**：前述の設定と同様だが、Oktaはグループのフィルタ設定に基づき、すべてのグループを完全同期の上、フィルタに存在しないOktaグループからユーザを削除する。

引き続き、**SAML Protocol Settings**セクションの設定を行っていこう。

- **IdP Issuer URI**：外部IdPを識別するURI
- **IdP Single Sign-On URL**：外部IdPが提供するサインイン用のURL
- **IdP Signature Certificate**：外部IdPが提供する証明書をOktaにアップロードする。

高度な設定を行う必要がある場合は、**Show Advanced Settings**をクリックすることで、**Request Binding**、**Request Signature**、**Request Signature Algorithm**、**Response Signature Verification**、**Response Signature Algorithm**、**Destination**、**Okta Assertion Consumer Service URL**、**Max Clock Skew**といった値を設定することができる。

Add Identity Providerをクリックすることで、設定が保存される。

追加されたIdPは直ちに有効となり、一覧に表示される。設定を完了するには、ACS URLとAudience URIに加え、おそらくはSAMLメタデータもコピーする必要がある。具体的な値は、次のIdPの詳細設定から参照できる。

図3-23　IdPの詳細設定

　外部IdPとの調整次第ではあるが、双方のシステムに存在するユーザと、外部IdPからJITにより
プロビジョニングされるユーザの両方について、Oktaとの外部SSOの試験を行うことが望ましい。

　動作確認が完了したら、IdPディスカバリを用いて、ユーザがOktaへのサインインを必要とする
方法の制御に移る。これについては、次で解説する。

IdPディスカバリ

　IdPディスカバリはIdPルーティングルールと呼ばれることもある。こちらの方がより実態に即
した名称であろう。ルーティングルールにより、ユーザの参照するIdPがコンテキストに応じて変
化する。コンテキストは、デバイス、IPやネットワークゾーンのコンテキストといった場合もあれ
ば、単純にメールドメインの場合もある。ルールはIdPやユーザの条件に応じて設定可能である。
ルールは順に評価されるため、複数のルールが条件に合致する場合は最初に条件に合致したルール
が用いられる。それでは設定方法について見ていこう。

　設定を行うには、最低1つのIdPが必要である。まずはSecurity⇒Identity Providersと移動する。
IdPを1つも設定していない場合は、本節の先頭に戻って設定から始めてほしい。複数のIdPを設定
していなくても、ネットワーク関連のルーティングルールを設定することはできる。IWAエージェ
ントをインストールしていれば、Desktop Single Sign-onのルールも設定できる。Routing rulesタブ
を見てほしい。OktaがIdPとなっていれば、デフォルトで1つのルールが設定されているはずであ
る。Add Rouging Ruleをクリックして新しいルールを設定しよう。

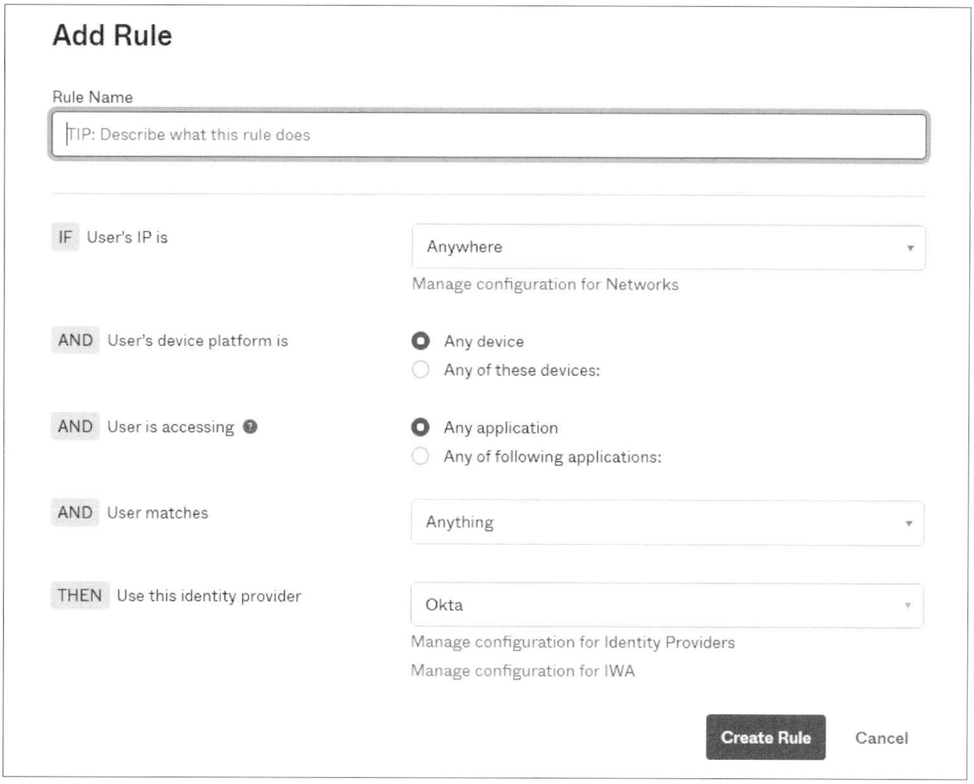

図**3-24**　ルーティングルールの設定

ルーティングルールはIF、AND、THENステートメントの組み合わせで構成される。

- **Rule Name**：ルールを端的に示す名前を設定する。

IF配下：

- **User's IP is**：ゾーンを用いる場合は設定する必要がある。「4章　AMFA（Adaptive Multi-Factor Authentication）によるセキュリティ向上」を参照のこと。デフォルトでは、任意のゾーンで機能するルールが作成される。

AND配下：

- **User's device platform is**：モバイルおよびデスクトップデバイスの組み合わせを任意で指定する。
- **User is accessing**：ルールを適用する1つもしくは複数のアプリケーションを指定することができる。

- **User matches**：対象となるユーザを指定することができる。

次のオプションが選択できる。

- **Anything**：全ユーザが対象となる。
- **Regex on login**：正規表現にマッチしたユーザが対象となる。
- **Domain list on login**：特定のドメインからしかサインインしない場合はこのルールを適用できる。名前の通りドメインのFQDNを入力する。
- **User attributes**：対象ユーザを限定するための属性を選択することができる。例えば、特定の部署にのみ適用したいルールなどに活用できる。

THEN配下：

- **Use this Identity Provider**：利用するIdPをドロップダウンリストから選択する。

　ところで、これらのルールを使用するケースはどのようなものだろうか？　複数のOktaをハブ＆スポークモデルで内部的に連携させる場合や、企業内に複数のドメインが存在する場合にIdPを使い分けたりするケースが想定される。モバイルユーザと非モバイルユーザが混在している場合に、非モバイルユーザは従来の認証で認証しつつ、モバイルユーザはOktaで認証するといった要件もあるだろう。可能性は無限である。

　前述したように、Oktaにサインインする方式として外部のソーシャルログインを使うことも可能である。設定は同様であり、Oktaのサインインのページを変更してもよいし、ルーティングルールを用いることで、通常のサインインページからユーザを外部のソーシャルログインに飛ばすこともできる。このように、非常に柔軟な設定が可能である。

3.7　まとめ

　本章では、Oktaがサポートする多様な連携方式と、アプリケーションとの連携手順について見てきた。これらのアプリケーションへのセキュアなアクセスをSSOで実現するためのパスワード条件、サインオンポリシーやルールを適用する方法について紹介し、さらに認証を統合しユーザ利便性を高める機能である外部SSOとIdPディスカバリについても説明した。最後に、一般ユーザが日常的に接するOktaのインタフェースとして、ダッシュボードとOkta Mobileアプリケーションについて軽く触れた。

　次の章では、多要素認証や、その設定とポリシーについて見ていこう。

4章

AMFA (Adaptive Multi-Factor Authentication) によるセキュリティ向上

二要素認証（2FA）および**多要素認証**（MFA）は、ユーザとデータのセキュリティを確保するための機能であり、多くの企業で利用が拡大している。2FAとMFAは同義ではなく、二要素から多要素へと機能強化が図られている。いずれにしても、ユーザは単一の認証要素を用いるのではなく、状況に応じて、ユーザ名とパスワードなどの知識要素、物理的なカードやデバイス上のソフトトークンといった所持要素、生体認証などの生体要素を組み合わせて、自身が誰であるかの確認を求められることとなる。本章では、この領域でのOktaの機能について紹介しつつ、AMFAを用いた際に利用できる高度なMFA機能についても言及する。次のテーマに沿って説明していこう。

- 認証要素の種類
- MFAの基本設定
- コンテキストベースのアクセス管理
- アプリケーションに特化したポリシーの作成
- ユーザによるMFAの登録
- MFAによるVPNのセキュア化

4.1　認証要素の種類

まずは、Oktaで利用可能な認証要素の確認から始めよう。Oktaでは、次に示す3つの要素を利用できる。

- 知識要素（Knowledge Factor）
- 所持要素（Possession Factor）
- 生体要素（Biometric factor）

これらについて、詳細を見ていこう。

4.1.1　知識要素

知識要素とは、記憶が必要な要素である。まず挙げられるのはパスワードであり、Oktaにはパスワードを要件に準拠させるための各種設定がある。ついで、Oktaはセキュリティ質問を知識要素として用いることができる。これは、「3章　SSO（Single Sign-On）によるユーザ利便性向上」で説明した、セルフサービスでパスワードの再設定やアンロックを行う機能で用いられるセキュリティ質問とは別のものである。

セキュリティ質問を有効化すると、有効化後にユーザが最初にサインインした際に「多要素認証をセットアップします」ページが表示され、次の手順に従って設定を行うことを求められる。

1. セキュリティ質問の設定ボタンをクリックする。
2. セキュリティ質問を選択し、回答を入力する。

このセキュリティ質問の回答には次に示す制約がある。

- 回答は最低4文字以上であること
- 回答はユーザ名やパスワードでないこと
- 回答は質問文の一部を含まないこと

種々の制約もあり、知識要素は強力なものとは言い難い。しかし状況によっては、これは限定的なアクセス権によるサインインを許可する上で、適した方法となりうる。

次の要素は所持要素である。

4.1.2　所持要素

所持要素とは、所持している何かによる認証であり、これには次のようなものが含まれる。

- Okta Verify
- Google Authenticator
- SMS認証

- 音声認証
- 電子メール
- Duo、RSAトークン、YubiKeyといったサードパーティ製品

これらを順に見ていこう。

4.1.1.1 Okta Verify

Okta VerifyはOktaが開発したアプリケーションであり、OTP（ワンタイムパスワード/One-Time Password）とプッシュ認証の両方に用いられる。OTPを用いる際は、ユーザはアプリケーションを起動し、PINコードを確認した上で、それをブラウザから入力する。6桁のPINコードは業界標準の機構で生成される。プッシュ認証では、ユーザは「はい、私です」という通知をクリックするだけでサインインすることができる。

4.1.1.2 Google Authenticator

Google AuthenticatorはGoogleが開発したアプリケーションであり、Okta VerifyのOTPと同等の機能を持っている。使用する際は、ユーザはアプリケーションを起動して6桁のOTPをOktaへの認証時に入力する必要がある。5回認証に失敗するとOkta上のアカウントはロックされ、管理者による再設定が必要となる。

4.1.1.3 SMS認証

多くのユーザはSMS認証を行った経験があるだろう。何らかのコードをSMS経由で受信するというものである。管理者としてみると、ユーザが操作に慣れており、大半のユーザがSMSを受信できるスマホを所持しているという点で、これは有効化しやすい認証要素である。ユーザからみると、初回サインイン時に「多要素認証をセットアップします」ページが表示され、次の手順に従って設定を行うことを求められる。

1. 設定ボタンをクリックする。
2. 電話番号を入力する[*1]。
3. 電話番号に送信されたセキュリティコードを確認のため入力する。

これで完了である！

---

*1 ［訳注］筆者が試用版で確認した限り、米国とカナダ以外の電話番号を入力してもエラーとなったため実際の確認はできなかった。

SMSはユーザの操作が簡単で導入もしやすいが、多くの人が考えるほど安全ではない。これを認証要素として展開しようとしているのであれば、別の認証要素の活用も検討した方がよい。スマホを紛失した場合や、機種変更する際にユーザがサービスを継続して利用できるようにするため、Oktaに別の認証要素でサインインできるようにしておく必要がある。

4.1.1.4　音声認証

音声認証は高度な認証要素ではないが、時には必要とする企業もあるだろう。言えるのは、社員がモバイル機器を所持していない、携帯電話のデータ制約が厳しい国にいる場合など、やむを得ない状況でない限り使うべきではないということである。設定の際には、前述したSMSと同様にして「多要素認証をセットアップします」ページから行う[*2]。

1. 設定ボタンをクリックする。
2. **Call**をクリックして通話を行い、確認コードを受信する。
3. コードを入力して**Verify**をクリックし、**Done**をクリックする。

音声認証の次は、メール認証である。

4.1.1.5　メール認証

メール認証は、その名の通りのものである。ユーザはワンタイムパスワードをメールで受信し、サインイン画面でそれを入力する必要がある。この認証要素が要求された場合、ユーザのプライマリメールアドレスが自動的にワンタイムパスワードの送付先として用いられる。メールされたワンタイムパスワードの有効期限は5分に設定されているが、これは5分刻みで最長30分まで延長することができる。セキュリティ質問と同じく、メール認証は脆弱な認証に分類されるため、基本的には使用を控えた方がよい。

4.1.1.6　Duo、RSAトークン、YubiKeyといったサードパーティ製品

Oktaは、RSAトークン、Symantec VIP、Duo Securityといった数多くのサードパーティの認証製品をサポートしている。設定方法は製品によるが、いずれの製品も指示に従って簡単に登録を行うことができる。RSAのハードウェアドングルを用いる上で、Oktaをオンプレミスのエージェントと連携させ、オンプレミスのMFAを活用することも可能である。この際、Oktaエージェントは**RADIUS**クライアントとして機能し、RADIUSが有効なMFAサーバと通信する。

YubiKeyは様々なオプションと機能を備えており、**FIDO2（Fast IDentity Online 2.0）**を用いることもできる。FIDOはWebベースのAPIであり、各Webサイトごとに固有の暗号化キーを用いる。

＊2　［訳注］試用版では動作確認が行えなかったため、表示される文言は原著のもの（英語表記）をそのまま記載した。実際に表示される文言は日本語化されている可能性がある。

認証トークンに侵入されるリスクがなく、秘密鍵はユーザのデバイスから外に出ることがない。これにより、パスワードの盗用の可能性を抹殺し、フィッシングやリプレイ攻撃のリスクが低減される。

4.1.3 生体要素

生体要素には、（Windows HelloやApple Touch IDなどの）WebAuthn FIDO2が含まれる。これは最も先進的でセキュアなMFAオプションである。MacBookでTouch IDを使っていたり、WindowsのノートPCでWindows Helloを使っているユーザは、指紋リーダで指紋をスキャンしたり顔を捜査したりすることで、簡単に自身を認証することができる。ユーザが自身のPCをOktaサービスに登録することで、サインイン時に生体認証を要求されるように設定できる。

ユーザ側での登録作業が必要な認証要素については、認証要素の種別に応じて、ユーザ側の登録作業を適切に実施するための手順が示される。

以上、Oktaがサポートする認証要素およびそれらをユーザが設定する方法について紹介した。次からは、それを管理コンソールで設定し、管理する方法について説明する。まずは基本的な機能から見ていこう。

4.2 MFAの基本設定

Oktaの高度なMFA機能について詳細に見ていく前に、**SSO**ライセンスで利用可能な基本的なMFA機能について見ていこう。MFAは、Oktaのサインインとアプリケーションへのサインインの両方で用いることができ、認証ごとに異なるレベルのセキュリティや認証要素を設定することもできる。これは、OktaへのサインインはOkta Verifyで十分セキュアであると判断していても、業務上非常に重要なシステムに管理者としてサインインする際には認証要素として生体認証も追加したいといった際に有用である。設定を行う前に、ユーザに登録させたい認証要素を事前に有効にしておく必要がある。管理コンソールのトップメニューから**Security**⇒**Multifactor**と移動し、**Factor Types**タブから、ユーザに登録を許可する認証要素を選択する。なお、ここで有効にした認証要素は全ユーザに強制されるものではなく、またユーザが実際に設定を行うまでは有効とならない点に注意すること。ポリシーを用いることで、ユーザに対して指定のMFAの登録を必須にできる。「3章 SSO（Single Sign-On）によるユーザ利便性向上」で説明したのと同じ手順でポリシーを作成し、それを様々なグループやユーザに割り当てることができる。選択可能な認証要素の種別は次の通り。

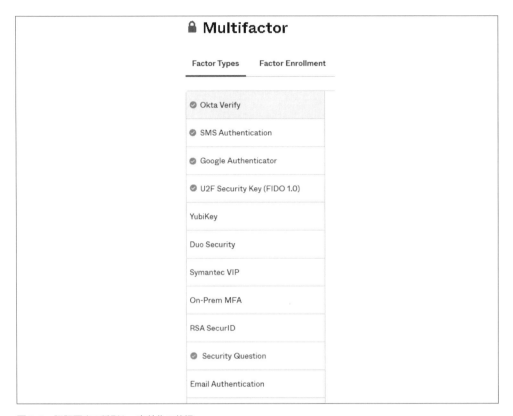

図4-1　認証要素の種別と、有効化の状況

　有効化したい認証要素をクリックすることで、当該の認証要素についての情報が表示される。
Inactiveをクリックして**Active**に変更することで、当該の認証要素が有効化される。認証要素によっ
ては、有効化の際にセキュリティ鍵や証明書に関する情報を追加する必要がある。各認証要素ごと
に、有効化するための手順が提示されるため、手順に従うことで簡単に有効化することができる。

　企業でどの認証要素を有効化するかを検討する際には、考慮すべき条件が幾つかある。セキュリ
ティはもちろん非常に重要である。FIDO2のハードウェアトークンといった認証要素は様々なリス
クに対して最も強靭ではあるが、多くのユーザに簡単に導入できるとは言い難い。企業によっては、
従業員が社用のスマホを持っていなかったり、電話がなかったり、そもそも業務中にそれらの使用
を許可されていなかったりする。**Voice Call Authentication**のような認証要素をこうした状況下で
利用させることは困難である。

　利用したい認証要素を有効化したら、ユーザがそれらを登録する方法を設定しよう。**Factor
Enrollment**タブに移動すると次のような画面になる。**Default Policy**という名前のデフォルトのポ
リシーは必ず存在している。

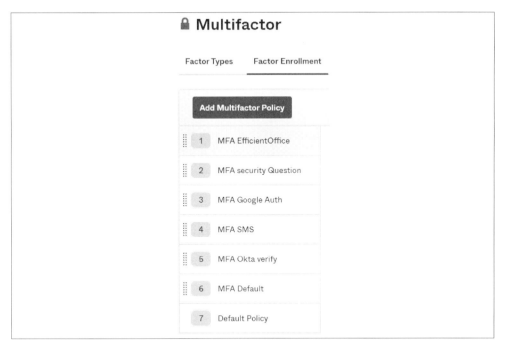

図4-2 MFAポリシーの一覧画面

ここで、**Add Multifactor Policy**ボタンをクリックすることで、新しい登録ポリシーを設定する。

 企業の組織構造を意識しながら、要件に合致するセキュリティを満たすポリシーを設定していくとよい。部署に対応するグループを割り当てることで、要件とアクセスレベルに応じた認証要素を組み合わせた詳細なアクセスを実現できる。

各認証要素の設定は簡単である。次の項目を設定するだけで良い。

1. **Policy name**：ポリシー名を設定する。
2. **Policy description**：ポリシーの概要を記載する。
3. **Assign to Groups**：ポリシーを割り当てるグループを追加する。先頭何文字かを入力することで、入力した文字に合致するグループが一覧表示される。

最後に行うのは、各認証要素に対する**Optional**、**Required**、**Disabled**の選択である。ベストプラクティスとして、単一の認証要素のみを**Optional**もしくは**Required**とし、残りを**Disable**にすることをお勧めする。**Create Policy**を選択することで登録ポリシーの作成は完了するが、引き続きポリ

シーに対するルールを作成する必要がある。ルールは、ポリシーが有効となる条件を定義するものである。以下、ルールの設定手順を示す。

1. **Rule Name**：ルール名を設定する。
2. **Exclude Users**：割り当てたグループ内にこのルールから除外するユーザがいる場合、ここに入力する。

引き続き、**IF**、**AND**、**THEN**ステートメントを設定する。

1. **IF User's IP is**：**Anywhere**、**In zone**、**Not in zone**のいずれかをドロップダウンリストから選択する。ゾーンの設定については本章の後半で説明する。
2. **AND User is accessing**：Oktaもしくはアプリケーションのチェックボックスを選択する。アプリケーションを選択する上では、適切なアプリケーションをあらかじめ設定しておく必要がある。
3. **THEN Enroll in Multi-factor**：the first time a user is challenged for MFA、the first time a user signs in、do not enrollから選択する。

最後に**Create Rule**をクリックする。単一のポリシーに複数のルールを設定することが可能で、これによりユーザの詳細な管理が可能となる。必要に応じて、ルールを有効化したり無効化したりすることもできる。また、必要であれば作成後に編集することも可能である。

以上、MFAを設定する上で必要な設定について説明した。基本的な設定として説明した多要素認証の機能は、OktaのAdaptive MFA（AMFA）でも利用可能である。以降ではAMFAでのみ利用可能な機能について見ていこう。

4.3　コンテキストベースのアクセス管理

　本章で説明するいくつかの機能 — コンテキストベースのアクセス制御、動的ゾーン、振る舞い検知などについては、AMFA（Adaptive MFA）およびAdaptive SSOライセンスでのみ利用できる。

Oktaのコンテキストベースのアクセス制御では、様々な技術要素を活用することで、ユーザの状態と要件を複雑に組み合わせた制御が可能である。ロールやグループをポリシーに割り当てて静的なアクセス制御を行う代わりに、Oktaは認証時点で認識している様々な状態情報に基づき、動的なアクセス制御を行うことが可能である。

コンテキストを利用することで、Oktaは、Okta自身やアプリケーションへのユーザのサインインを許可する際の要件を細かく制御することが可能となる。Oktaは位置、デバイス、要求の種別、要求のタイミングといった様々な状態情報に基づくリスク評価を行うことが可能であり、グループや

ロールの割り当てと組み合わせて、アクセスの許可や拒否を行うことが可能である。

　リスク評価は即座に実施し、それに基づいたユーザの割り当てを自動で行う必要がある。遅延が発生すると状態情報が変化するため、リスク評価の結果が変わってきてしまう。

　高度な処理の1つが、これらの評価結果のユーザに対する通知である。リスクが増大した場合、ユーザに対して追加の認証要素が必要である旨が通知される。例えば、疑わしいログイン試行があると、ユーザにその試行が正当な行為であるかを確認させるためのメールが送信され、必要な場合はOkta管理者にも通知が行われる。

　セルフサービスによるパスワード再設定が実現されることで、IT要員やサポート要員によるユーザ対応が低減されるだけではなく、一般ユーザ側で自身の都合のよいときに作業を実施することが可能となる。ユーザ自身が一連の作業を通しで実施することにより、リスクが低減される。

　ここで、ユーザが常にオフィスに出勤する状況を想定してみよう。次のような状態情報に基づき、評価は低リスクとなる。

- オフィスのWANアドレスがゾーンに追加されている。
- ユーザは通常同じ曜日の同じ時刻にサインインする。
- ユーザは同じデバイスを使用している。また、デバイスは MDM に登録済である。
- ユーザは同じOS、ブラウザを用いている。

この状況であれば、ユーザにMFAなしですべてのアプリケーションへのアクセスを許可してもよいだろう。

　一方、ユーザが同様の作業を行おうとしたが、状態情報が異なる場合を考えてみよう。

- ユーザはWi-Fiから接続し、そのためIPアドレスが常時変化する。
- 普段とは別の時間帯、すなわち普段とは異なる時刻に作業を行う。
- ユーザがiPad、Androidのモバイル端末、私物のノートPCなどを用いる。
- ユーザが普段とは異なるOSやブラウザを用いる。

この場合、リスク評価機構は高リスクと評価し、ユーザに安全な認証要素を用いて、また認証要素（ユーザ名、Okta Verify、U2F（Universal 2nd Factor）トークンなど）を組み合わせて認証を行うよう要求する。場合によっては、業務上重要なアプリケーションへのアクセスを拒否することもあろう。

　このように、リスク評価は様々な要素を活用することで実施される。役割やグループを適切に設定することで、ここまで説明してきたポリシーや認証要素をより効果的に活用することが可能となる。これにより、リスクが上昇した際にユーザにパスワードの変更を求めたり、新規の認証要素を登録させたり、通知を行ったりという処理が管理の元でセルフサービス化される。ユーザは求められた対処を後で行うこともできる。その場合Oktaは当面の間リソースへのアクセスを制限するが、ユーザがセキュリティ要件を満たした時点で本来利用可能なすべてのアプリケーションへのアクセ

スを可能とする。

　Oktaが目指しているのは、セキュリティ対策による生産性低下の抑止である。セルフサービスでのリスク評価を実現することで、ユーザは、いつ対処するかを自身で決めることができる。制限された環境に身を置く必要があるか、すなわち制約を受け入れ、制限された作業環境で業務を行うべきかを自身で判断することができる。

　ここまで説明してきたコンテキストベースのポリシーを実装する上では、様々な状況を把握するとともに、ユーザに着目したアプローチが求められる。

　本書の冒頭で、Oktaのコンテキストベースのアクセス管理を用いたゼロトラスト指向について言及したが、これはコンテキストベースのアクセス管理を実装すれば、ゼロトラスト化が実現するということを意図したものではない。セキュリティの境界線を企業ネットワークからユーザ中心へと変えていくことがゼロトラスト化の根幹である。

　それでは、動的なアプリケーションアクセス制御について見ていこう。

4.3.1　動的なアプリケーションアクセス制御

　Oktaはリスク評価を行う際に、サードパーティが検出した状態情報を用いることが可能である。サードパーティのMDM製品にデバイス管理を任せた上で、Oktaとの連携に用いる信頼済の証明書を生成させ、これにより確立されるデバイス信頼（device trust）をアプリケーションのサインオンポリシーにおける状態要素の1つとして用いることができる。Oktaのサインオンポリシーでユーザの状態を評価することで、セキュリティが強化される。認証後にユーザがアプリケーションにアクセスする際、アクセス可否を制御する状態要素の1つとしてデバイス信頼の情報を用いることができる。

　デバイス信頼を用いることで、カスタムのSAML属性経由でアプリケーションに対してデバイスの状況を共有し、アプリケーション側で詳細なアクセス制御を行わせることもできる。これをデバイスコンテキストによるアクセス制御と呼ぶ。

　動的な認証コンテキストを活用することで、Oktaは認証処理の中で情報を引き渡し、これにより、アプリケーション固有の機能の制御が可能となる。

　アクセス制御のためのデバイスコンテキストと動的な認証コンテキストの両者とも、SP（Service Provider）は、認証処理の中でこれらの情報を参照可能である必要がある。これにより、SPはこうした情報をリスク評価に活用し、リスク状況に応じた、ユーザに適用するポリシーの使い分けを実現する。

　この設定を行う上で、アプリケーション側に追加のライセンスや設定が必要となる場合がある。Salesforceがその例で、Oktaからの情報に基づき、自身のポリシーを設定することで、ユーザに値の変更、情報の読み取り、その他のタスクの実行を許可するかどうかを制御することが可能となる。

　ここまで、Oktaのコンテキストによるアクセスの考え方について説明した。以降では、実際の制

御で用いられる、様々なコンテキストについて仔細に見ていこう。

4.3.2　ネットワークゾーンの設定

　Oktaのネットワークゾーンはすべてのポリシーで利用できる。これはOktaの初期から利用可能な設定であるが、現在でも十分有用である。ネットワークゾーンは、ネットワーク内に位置しているかどうかで評価されるので、単純明快である。ネットワークゾーンはセキュリティ境界であり、アクセスを制限する範囲として用いられる。ネットワークゾーンの値としては、単一のIPアドレス、IPアドレスの範囲、地域を設定することができる。

　複数のネットワークゾーンを使い分けることもできる。また、ネットワークゾーンをブラックリスト、すなわち安全ではない領域とすることで、当該ゾーンからのアクセスを許可しないこともできる。

　以下に留意点を記載する。

- 静的なゾーンと動的なゾーンを定義できる。
- サインオンポリシールールを作成する際に、ネットワークゾーンを活用することで、より細かい制御が可能となる。
- ゾーンの定義が変更されると、自動的にポリシーやルールの更新が行われる。最大100のゾーンを設定できる。
- 各ゾーンには、最大150のゲートウェイやプロキシのIPアドレスを含むことができる。これにはIPブラックリストのゾーンは含まない。
- 同様に、IPブラックリストゾーンにはゾーンあたり最大1,000のゲートウェイ、Okta orgあたり25,000のゲートウェイを含むことができる。

　ネットワークゾーンの設定は簡単であり、Security ⇒ Networksで設定する。ネットワークゾーンの作成や設定はすべてここで行う。

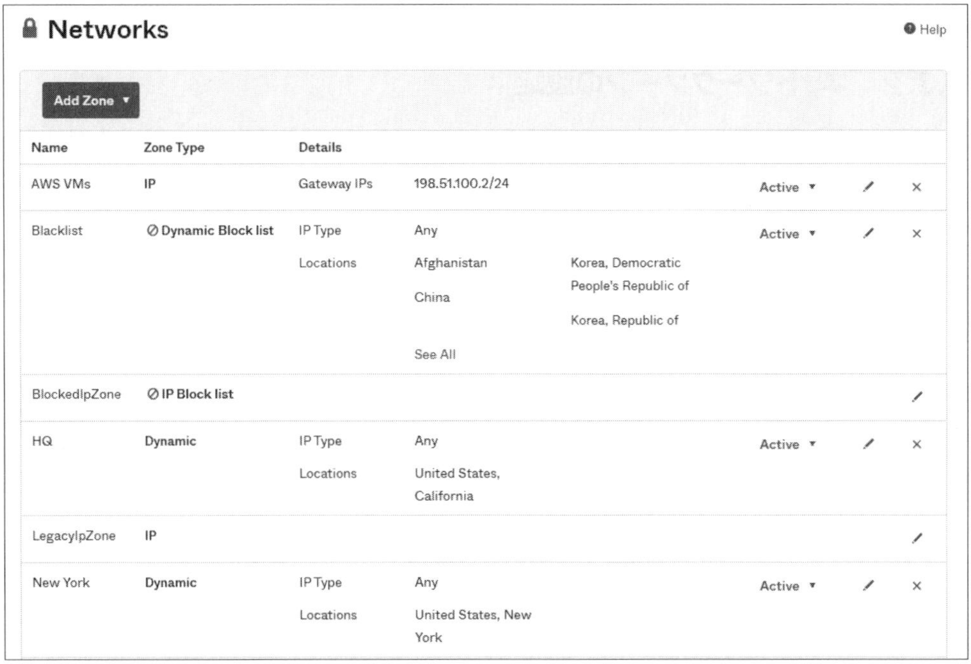

🔒 **Networks**　　　　　　　　　　　　　　　　　　　　　　　　　　　❶ Help

Add Zone ▼

Name	Zone Type	Details					
AWS VMs	IP	Gateway IPs	198.51.100.2/24		Active ▼	✏	✕
Blacklist	⊘ Dynamic Block list	IP Type	Any		Active ▼	✏	✕
		Locations	Afghanistan	Korea, Democratic			
				People's Republic of			
			China				
				Korea, Republic of			
			See All				
BlockedIpZone	⊘ IP Block list						✏
HQ	Dynamic	IP Type	Any		Active ▼	✏	✕
		Locations	United States,				
			California				
LegacyIpZone	IP						✏
New York	Dynamic	IP Type	Any		Active ▼	✏	✕
		Locations	United States, New				
			York				

図4-3　ネットワークゾーンの一覧

　初期状態では、LegacyIpZone と BlockedIpZone という2つのゾーンが登録されている。これらは Oktaのデフォルトであり、削除できない。

> Okta orgを作成した際に、これらのゾーンも作成される。名前からは用途が分かりにくいため、ポリシーの用途に即した名前に変更するのが良いだろう。

4.3.1.1　IPゾーンの設定

　Add Zoneボタンをクリックすることで、ゾーンの追加を行う。

　ドロップダウンリストから、一定範囲のIPからなるIPゾーンを設定するか、動的ゾーンを設定するかを選択する。

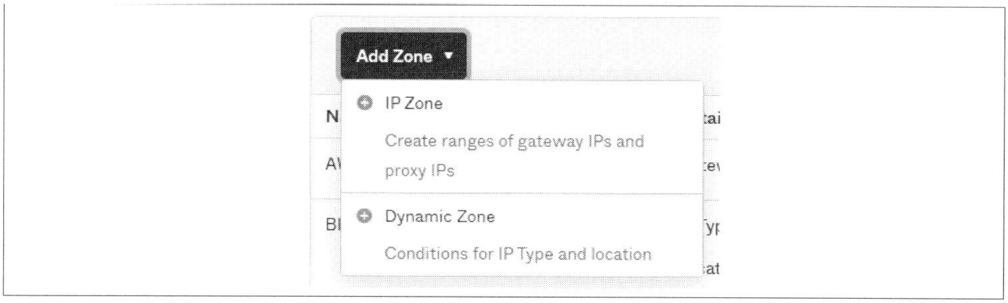

図4-4　ネットワークゾーンの追加

IPゾーンを選択した場合は、次の画面が表示される。

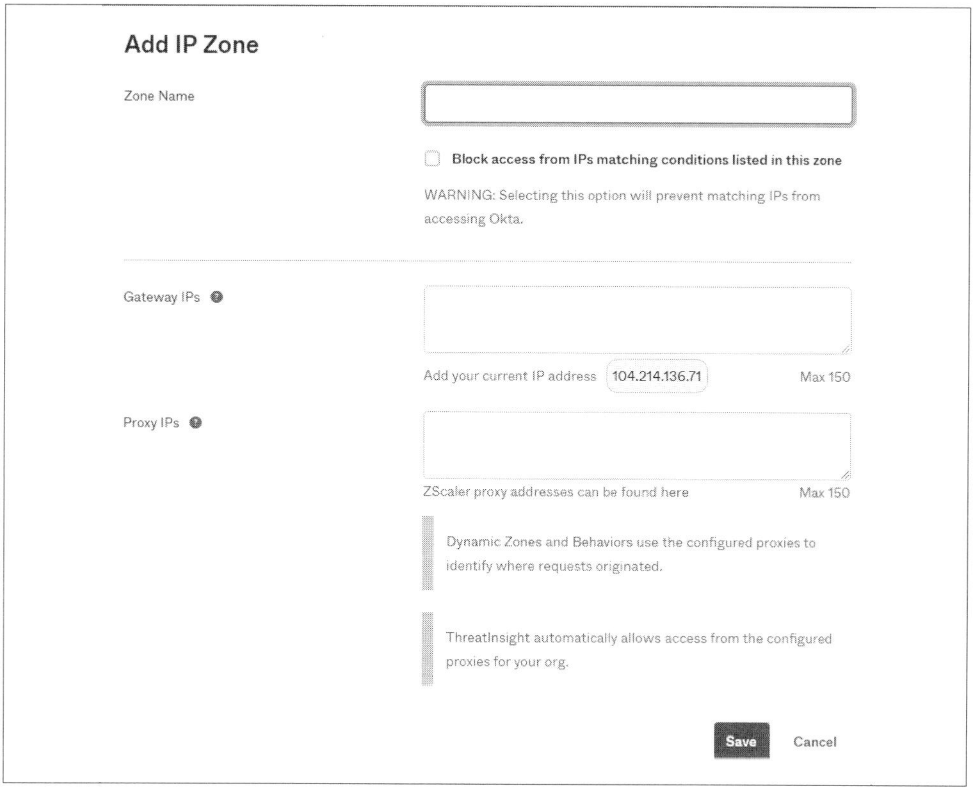

図4-5　IPゾーンの設定画面

上記画面には、次のフィールドが存在する。

- **Zone Name**：ゾーンの名前

- 直下にあるチェックボックスをチェックすることで、このゾーンがOktaへのアクセスを禁止するブラックリストとなる。
- **Gateway IPs**：単一のIPアドレス、ハイフンを用いたIPアドレス範囲、**CIDR**記法——216.119.143.01、216.119.143.02-216.119.143.22、216.119.143.01/24といった形式のいずれかで指定する。
- **Proxy IPs**：単一のIPアドレス、コンマで区切ったIPアドレス、ハイフンを用いたIPアドレス範囲、CIDR記法のいずれかで指定する。

Saveをクリックすることで、ゾーンがネットワークゾーンの一覧に追加され、直ちに使用することができる。

4.3.1.2　動的ゾーンの設定

動的ゾーンもIPゾーンと同様に設定するが、現在設定できるのは地域ゾーンのみである。ポリシーなどで動的ゾーンを活用することで、様々な設定を動的に行うことが可能となる。

まずは、**Add Zone**ボタンをクリックし、**Dynamic Zone**を選択することで設定を開始する。

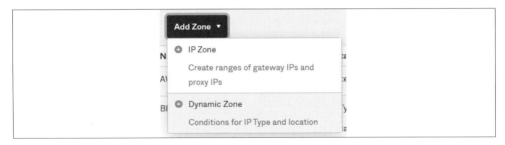

図4-6　動的ゾーンの追加

続く画面の設定画面は先ほどと少し異なり、オプションが少なくなっている。

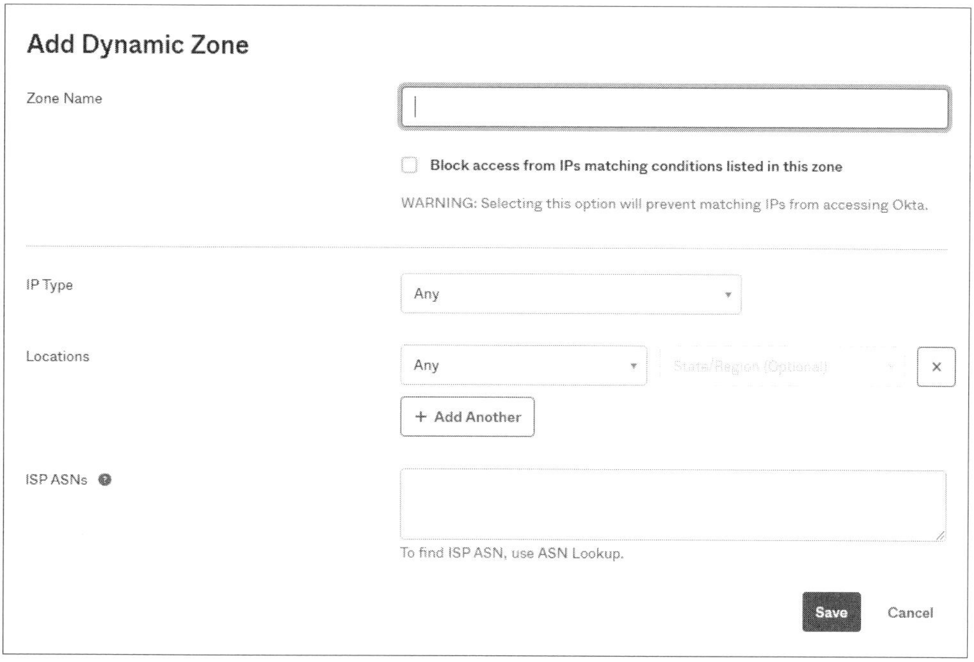

図4-7　動的ゾーンの設定画面

　Zone Nameでは、ゾーンを利用する際に混乱しないように、設定内容にふさわしい名前をつけること。例えば、国名、オフィスの場所といったものが例として挙げられる。

　ついで、この動的ゾーンをブラックリストにするかどうかのチェックボックスがある。

　引き続き、IP Typeを次から選択する。

- **Any**：任意のIPアドレス
- **Any Proxy**：任意のプロキシ
- **Tor anonymizer proxy**：Torによる匿名化プロキシ
- **Not Tor anonymizer proxy**：Torによる匿名化プロキシ以外

最後に、Locationsを設定する。これにより、地域単位での制御が可能となる。

1. 最初に、ゾーンに含めたい国を選択する。
2. ついで、必要な場合、州や地域でフィルタを行う。

　Saveをクリックすることで、このゾーンを利用できるようになる。地域単位での制御を行いたい場合、これは非常に有用である。例えば、New Yorkの従業員はSalesforceにアクセスする必要があるが、New York以外についてはアクセスを許可すべきではないといった場合、New Yorkゾーンを

作成することでこの要件を実現することができる。

引き続き、詳細な制御のためにOktaが用いている別の動的な要素について紹介しよう。

4.3.3　振る舞い検知

振る舞い検知は、Oktaでゼロトラストを実現する上で重要な要素である。中核となるのはユーザのコンテキストの認識である。Oktaでは、多要素認証のポリシーでコンテキスト情報を活用することができる。振る舞い検知を状況要素の1つとして用いることで、Oktaはリスク評価にそれを反映し、ポリシーの強度を調整することが可能となる。

振る舞い検知には2つの要素がある。追跡可能な振る舞いと、ユーザの動作に基づく定義済アクションである。

追跡可能な振る舞いとは、次のようなものである。

- 新しい国、州、都市といった場所からのサインイン
- 前回サインインに成功した場所から一定距離離れた地域からのサインイン
- 新規のデバイス、例えば今までとは別のノートPCやモバイル機器からのサインイン
- 新しいIPアドレス、例えばモバイルホットスポット、自宅のIP、公共交通機関などからのサインイン
- 非現実的な移動を伴うサインイン、これは前回と今回のサインイン試行が2つの異なった地域から行われているが、この間をその時間で移動することが不可能だと思われる場合を意味する。

こうした振る舞いに対するアクションとしては次のようなものが挙げられる。

- アクセスの許可もしくは拒否
- 追加の認証要素による認証の強制
- セッション有効期間の設定

Security⇒Behavior Detectionに移動することで、Oktaがデフォルトで作成した振る舞い検知設定の確認と、設定の変更や追加を行うことができる。

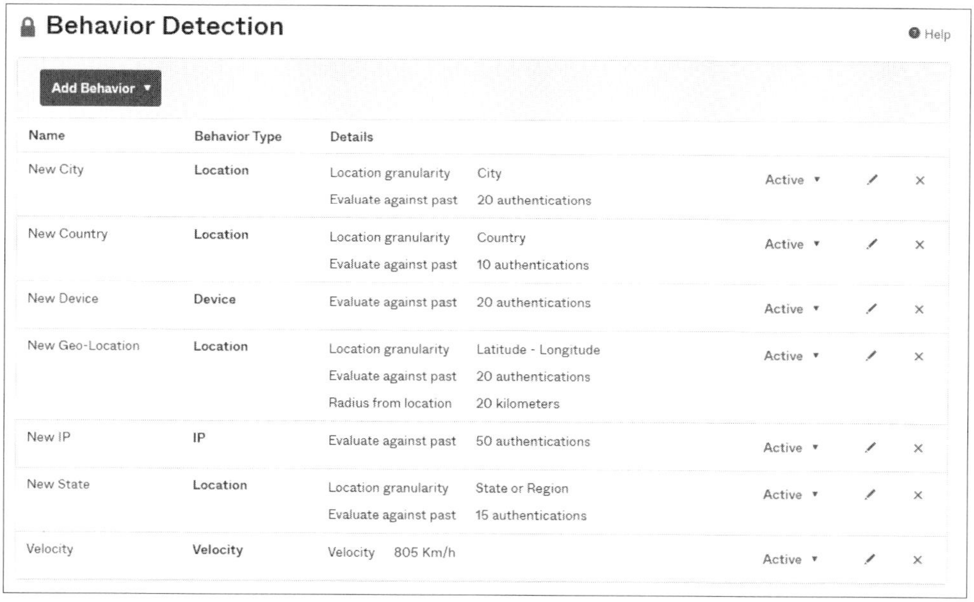

図**4-8**　振る舞い検知の設定

　ここで、振る舞い検知の追加、編集、削除を行ったり、それらをInactiveやActiveに設定することができる。引き続き、各項目について説明するとともに、活用方法について見ていこう。

　検知対象の振る舞いは、4つのタイプに分類できる。

　1つ目はLocationである。これには、次のような設定がある。

- Country：一定期間サインインを行ったことのない国
- State：一定期間サインインを行ったことがない州
- City：一定期間サインインを行ったことがない都市
- New Geo-location：サインインしたことのある地域を基準とした範囲を指定することができる。これを超える地域からのサインインはサインインしたことのない地域とみなされる。

　次に、Deviceの設定に移る。

- New Device：当該のユーザでログインしたことのないデバイス。これはクライアントの状況に依存し、例えば以前から使用していたデバイスであっても、ブラウザを変更した場合は別のデバイスとして認識される。

　次は、IPである。

- New IP：一定期間サインインしたことのないIPアドレス

最後は**Velocity**である。

● **Velocity**：疑わしいサインインとみなす速度（velocity）。速度は、2つの連続するサインインが行われた地点間の距離と時間から算出される。

これらの種別を組み合わせることで、複雑な制御が可能となる。これらを個々に設定することも、1つのサインオンポリシー内で組み合わせて設定することも可能である。

図4-9　サインオンポリシールールへの振る舞い要素の追加

　振る舞い要素を追加することで、サインオンポリシーにリスク評価の要素を追加することができる。例えば営業チームを考えてみよう。彼らは街から街へと移動する。サインオンポリシーに州や都市に関する振る舞い要素を追加して、サインインを検証することができる。これにより、新しい州や街への移動が振る舞い要素として評価され、Oktaが高リスクだと判断した場合、ユーザには当該のルールが適用される。

　サインオンポリシーに複数のルールを追加して、リスクを**Any**、**High**、**Medium**、**Low**から使い分けることができる。設定したリスク条件に基づき、ユーザに異なる処理を適用することができる。

　引き続き、ポリシーに対応するルールについて見ていこう。

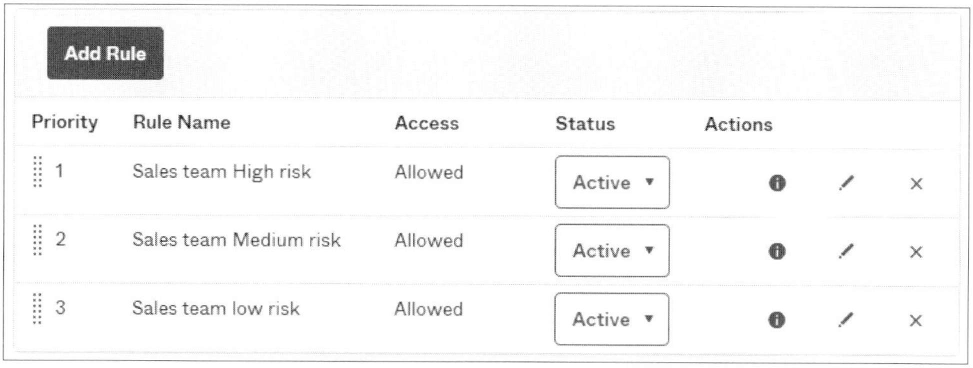

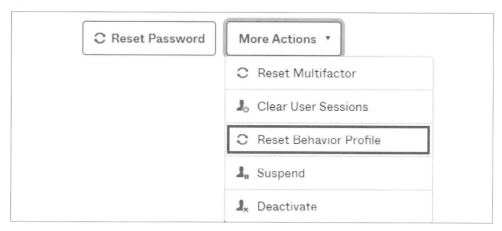

図4-10 サインオンポリシーにおける振る舞い検知ルール

他のポリシーと同様に、これらは先頭から順に評価される。そのため、高リスクな状況を想定した最も厳格なルールを先頭に設定し、甘めのルールを末尾に設定することが望ましい。

ポリシーに複数のルールを設定することで、ユーザに特定の厳格な、もしくは甘めのルールを適用せざるをえない状況から解放される。サインオンポリシーを細かく使い分けることも可能であり、これにより特定のポリシーをすべての状況に適用せざるを得ないといった事態が避けられる。

振る舞いの情報は、ユーザのプロファイルに保存される。何らかの理由でこれを削除する必要があるときには、次のようにしてユーザのプロファイルから振る舞いの情報の初期化を行う必要がある。

図4-11 振る舞いの情報の初期化

これにより、ユーザの振る舞い情報が初期化される。

ここまで、サードパーティのサービスをリスク評価の認証要素として使用する手順や、複数のゾーンを組み合わせて活用する方法といった、Oktaのコンテキストベースのアクセス制御に関する

様々な機能について説明した。さらに、サインオンポリシーのルール作成や、そこに振る舞い検知を追加する方法についても紹介した。

ここからは、アプリケーションに対して同様の設定を行う方法について見ていこう。

4.4　アプリケーションに特化したポリシーの作成

特定のアプリケーションに対してMFAを適用することで、ポリシーを多層化することができる。MFAの設定は、Oktaへのサインイン時とアプリケーションへのサインイン時のどちらでも、あるいは両方で適用することも、前述の通り可能である。Oktaへのサインイン時にMFAを有効化している状況で、さらにアプリケーションに対するMFAポリシーを追加するケースとしては、次のような状況が考えられる。

- アプリケーション管理者がアプリケーションへアクセスする際に、Oktaへのサインイン時よりも高度なセキュリティの認証要素による認証が必要な場合
- 役員層のユーザが業務上重要な情報を扱うアプリケーションへのアクセスする際に、Oktaへのサインイン時よりも高度なセキュリティの認証要素による認証が必要な場合
- オフィスネットワーク外で利用するアプリケーションについて、より高度なセキュリティを強制したい場合

特定のアプリケーションに対してMFAを有効化する際は、Applications⇒Applicationsと移動し、MFAポリシーを追加したいアプリケーションを選択した上で、Sign Onタブに行き、下までスクロールすると現れるSign On Policyを選択する。何も設定を行っていないと、アプリケーションに割り当てられたユーザはどこからでもアクセスできるというデフォルトのルールのみが存在している。新しいルールを追加するには、Add Ruleボタンをクリックし、次の設定を行う。

1. **Rule Name**：わかりやすい名前を設定する。

    ルールを無効化した状態で作成する場合は、直下のチェックボックスをクリックする。これは、有効化を行うためには事前に許可を得る必要がある組織などで有用である。

2. **People**：アプリケーションを使用する全員にルールを割り当てるか、もしくは割り当てるユーザを指定するかを選択する。

    後者の場合、グループやユーザを検索して設定する。

 手運用を極力削減する上で、可能な限りグループ単位での割り当てを行うこと。

3. **Zone**：ポリシーをゾーンに関わらず有効とするか、**In zone**、**Not in zone**を用いてゾーンを指定する。

   In zoneもしくは**Not in zone**を選択した場合、ゾーン名を入力して、対象とするゾーンを指定する。

4. **Client**：ポリシーの設定を特定のデバイスに限定したい場合は、この設定を用いる。

   MDMシステムとのデバイス信頼を設定しているデバイスについては、本ポリシーを信頼済のデバイス、信頼されていないデバイスのいずれに適用するかを設定できる。デバイス信頼の設定は、**Security**⇒**Device Trust**から行う。デバイスの種別ごとに設定があり、通常2ステップの設定が必要である。設定によっては、セキュリティキーを要求されたり、証明書を要求されたりする場合がある。

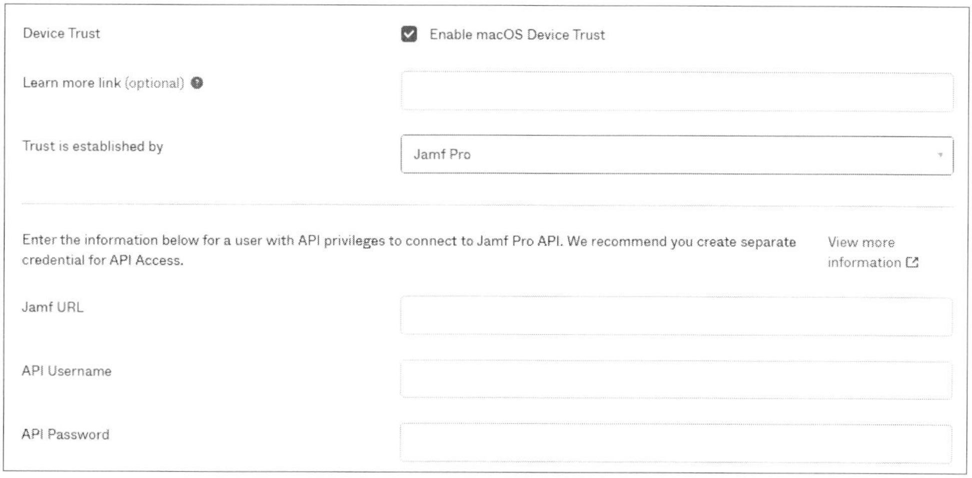

Device Trust		☑ Enable macOS Device Trust
Learn more link (optional) ❓		
Trust is established by		Jamf Pro ▾

Enter the information below for a user with API privileges to connect to Jamf Pro API. We recommend you create separate credential for API Access.　View more information ↗

Jamf URL		
API Username		
API Password		

図4-12　Jamf Pro（MDM製品）利用時のmacOSに対するデバイス信頼の設定画面

5. 最後に、どのようなアクセスを許可するかの設定を行う。MFA認証を要求するかを設定するチェックボックスがあり、要求する場合は、再認証を要求する頻度の設定が表示される。

　Saveをクリックして設定を保存した後で、ルール一覧の横の矢印をクリックすることでルール間の優先順位を調整できる。

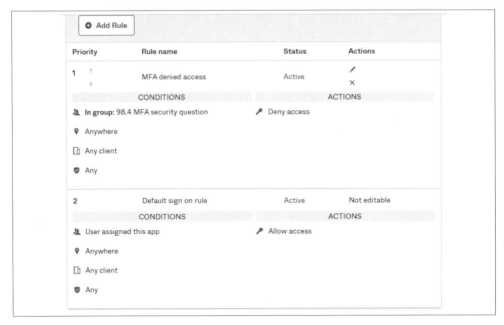

図4-13　上下矢印（↑↓）を用いたルール間の優先順位の設定

　この手順はどのアプリケーションでも同一である。ここまで、管理者目線で設定を見てきたが、次は一般ユーザに視点を移して設定を見ていこう。

4.5　一般ユーザによるMFAの登録

　ここまで、管理者視点でMFAを登録する手順について紹介した。ここからは一般ユーザ視点でこれを見ていこう。まずはユーザがOkta Verifyを登録する場合を例に説明を行う。新規のMFAポリシーを有効化すると、ユーザは次のサインイン時に1つもしくは複数の認証要素の登録を促される。ユーザがOkta VerifyのSetupをクリックした時の手順を見ていこう。

1. 最初に、ユーザは使用するデバイス種別を選択する。ついでデバイスのストアから、Okta Verifyアプリをダウンロードするように指示される。
2. ダウンロード後にNextをクリックすると、ユーザは画面に表示されたQRコードをOkta Verifyアプリでスキャンするよう指示される。

　QRコードをスキャンすると設定が完了し、ユーザは認証要素の選択画面に戻る。ポリシーの設定によっては、追加の認証要素の登録が必要となる場合がある。それ以外の場合は、Finishをクリックすることで、登録を完了し、Oktaへのサインインを継続することができる。
　ここまで認証要素の登録について見てきた。ついで、認証要素の再設定について見ていこう。

4.5.1　認証要素の再設定

次のような理由で、ユーザが自身の認証要素の再設定する必要とする場合がある。

- ユーザが新しいデバイスを入手し、Okta VerifyやGoogle Authenticatorアカウントを再設定する必要が発生した場合
- ユーザの認証要素がうまく動作しない場合 — 例えばフリーズしてしまったり、OTPコードが機能しないなど

 ユーザに最低限2つの認証要素を登録させるようにすること。これを異なるデバイスやプラットフォーム（例えばOkta VerifyをSMSで行い、MacBookのTouch IDをGoogle Authenticatorで行うなど）で実現することが望ましい。これにより、どちらかの認証要素の再設定を他方を用いて行うことが可能となる。

管理者側で、認証要素の再設定を強制することもできる。**Directory⇒People**と移動し、**Reset Multifactor Authentication**をクリックする。認証要素を再設定したいユーザを選択の上、**Reset Multifactor Authenticatin**をクリックすることで、当該ユーザの認証要素がすべて初期化される。

使用するデバイスの変更など、認証要素の再設定が必要となる場合、一般ユーザが自身でこれを行うこともできる。一般ユーザの**設定**画面で**追加認証**セクションまで画面を下にスクロールする。

図4-14　設定可能な認証要素と再設定画面

Okta Verifyについては、ユーザが自身で画面にある**削除（Remove）**をクリックすることで初期

化することができる。これにより、次回サインイン時に前述した手順に従い、Okta Verifyを新しいスマートフォンに登録することができる。

　ここまで一般ユーザ視点でのOktaの認証要素の再設定について説明した。一般ユーザが認証要素の登録や再設定の方法を理解することは、管理者にとってもメリットがある。引き続き、VPNでMFAを用いる方法について見ていこう。

4.6　多要素認証を用いたVPNのセキュア化

　VPNは企業のネットワーク境界の背後にあるアプリケーションやデータにセキュアに接続するための標準的な方法として発展してきた。VPNが発展するにつれ、それらをセキュアに保護する機構もまた発展してきている。認証時の資格情報は奪取されうるものであるため、追加のセキュリティ対策を施すことで外部からの脅威に対抗し、VPNの背後にある非常に重要で機微な情報を保護することが求められる。

　VPNの認証連携方式は、VPNのソフトウェアやベンダごとに多種多様である。SSOの設定が可能なものもあれば、Active DirectoryやLDAPといったディレクトリを用いていたり、RADIUSを用いているものもある。いずれの方式であっても、Oktaの資格認証を唯一の資格情報として、VPN認証時にMFAを必須とすることが可能である。

　本章の前半で説明した通り、最低でも知識要素と所持要素という2種類の方式でセキュアなアクセスを実現することができ、場合によっては生体要素の活用も可能である。

　VPNソフトウェアによっては、次に示すようにユーザ側で、使用する認証要素を選択可能なものもある。

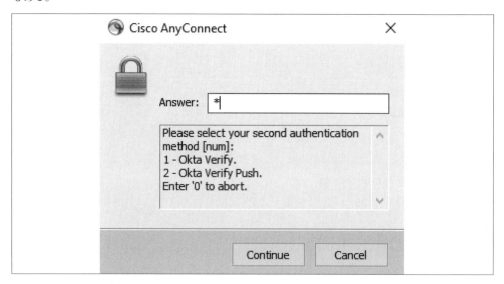

図4-15　認証要素の選択画面

　この画面でユーザが認証要素の選択を行うと、OTPの入力画面もしくはOkta Verifyによるプッシュ認証の応答待ち画面に遷移する。ソフトウェアではブラウザを用いたモダン認証を行う場合もあるが、これもOktaの認証処理と連携することができる。

　それ以外の場合は、ユーザ側でパスワードフィールドにトークンコードの文字列を入力する必要がある。ただし、Okta Verifyのプッシュ認証が許可されていれば、Oktaは直接リクエストを通知し、ユーザに確認させることもできる。ここで説明した処理が行われる場合、VPNの認証要求は、Oktaがユーザを認証して認証処理の継続を許可するまで中断される。

　時には、とりうる方策はすべて行う必要がある場合もある。ユーザに追加の認証要素を要求したり、時には他の認証要素に変更させる必要があるかもしれない。これを行わせるのはなかなか難しいが、OktaのAMFAが有する機能を活用すれば、最低限の煩わしさで最大限のセキュリティを実現することが可能である。

　これらのルールの設定は、VPNソフトウェアに依存する。アプリケーションのサインオンポリシー内で設定可能なものもあれば、Oktaのサインオンポリシーで設定する必要がある場合もある。

4.7　まとめ

　本章では、認証要素について知っておくべき知識や、それらをサインイン時および特定のアプリケーションに対して設定するためのポリシーについて紹介した。またOktaのコンテキストベースのMFA機能について具体的に説明し、認証要素やポリシーの高度な利用についても言及した。最後に、MFAをVPNなどのソリューションに適用する方法について紹介した。

　次の章では、OktaのLCM製品の機能、自動化やワークフローについて紹介する。さらに強力な基本機能であるプロビジョニング機能や、HR-as-a-masterのコンセプトについて俯瞰した上で、その設定方法について説明する。

5章

LCM
(Life Cycle Management)
による処理の自動化

　本章では、ユーザの入社から退職に至るまでの過程で、これまでの章で紹介してきた知識を活用する方法について俯瞰する。HRシステム（人事情報システム/Human Resources Information System）をマスタとして設定するなど、ユーザのプロビジョニングのための連携設定について紹介し、さらに式言語（Expression Language）を用いたユーザプロファイルの編集について言及するとともに、「2章　UD（Universal Directory）の活用」で紹介したグループを活用した自動化の実現や、Oktaが提供するフックやワークフロー機能を活用する方法について説明する。

　本章では、次のような技術について説明する。

- ユーザのプロビジョニングの自動化
- プロファイルの拡張
- グループルールの設定
- セルフサービスオプションの設定
- ワークフロー機能
- Okta Workflowsの活用

5.1　ユーザのプロビジョニングの自動化

　ここまで、ユーザのプロビジョニング処理を構成する要素のいくつかを見てきた。実際にはグループ、ディレクトリ連携などが一体となってユーザの入社から退職に至る処理が実施される。これらがどのように連携して機能しているかについて見ていこう。

「3章　SSO（Single Sign-On）によるユーザ利便性向上」で紹介したように、**OIN**ではいくつかの連携方式が利用可能であり、多くのアプリケーションは**SCIM**（**System for Cross-domain Identity Management**）での連携が可能である。SCIMはユーザのID情報を管理するためのオープンな標準規格であり、**CRUD**（**Create、Read、Update、Delete**）操作を行うためのスキーマとREST APIが定義されている。簡単にいうと、SCIMとはID情報を複数アプリケーション間で簡単に共有するために、ユーザ情報を操作する方式を定めたプロトコルである。

　具体例を用いてこれを説明しよう。ユーザが退職し、管理者がOkta上のアカウントを無効化すると、ユーザ属性Activeがfalseに設定され、この属性がSCIMで連携されているアプリケーションに対しても更新される。

　これがCRUD操作をサポートしているアプリケーションに対する**LCM**（**Life Cycle Management**）の機能である。新規ユーザのアカウントが作成され、属性が設定されると、そのアカウントと属性がSCIMなどのユーザ作成操作をサポートする連携方式で連携されたアプリケーションでも作成される。この機能の有無を確認するには、アプリケーションがサポートする連携機能を確認すればよい。**Applications⇒Applications**と移動し、**Add Application**をクリックして[*1]、連携機能を確認したいアプリケーションを検索する。アプリケーションの**Overview**セクションで、アプリケーションの連携機能を確認できる。

＊1　［訳注］新しいOktaでは代わりに**Browse App Catalog**をクリックする。

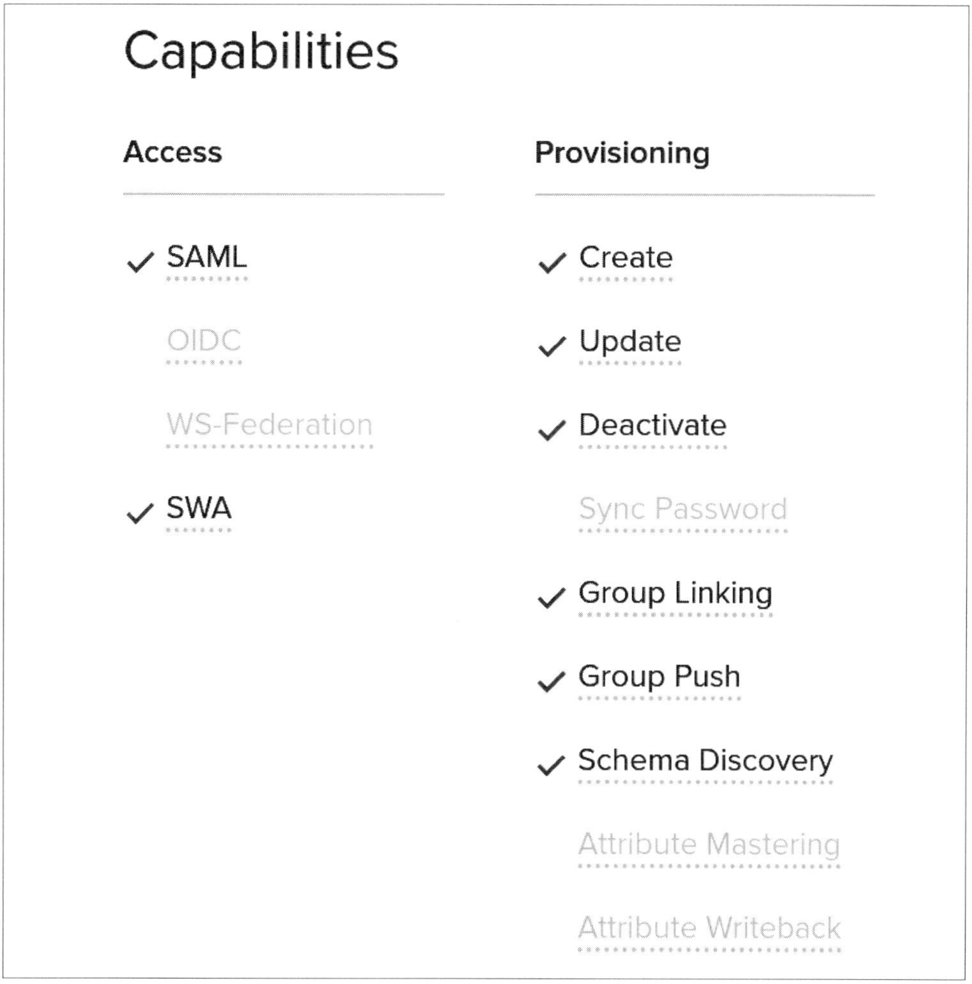

図5-1　アプリケーションの連携機能の例

　グループルールを用いることで、ユーザアカウントのアプリケーション割り当てを自動化できる。

　ユーザの所属が変更となり、新しい部署ではアプリケーションが割り当てられていないという場合は、更新処理によりユーザのアプリケーションに対するプロビジョニングが解除される。これによりセキュリティが維持され、監査にも安心して対応できるようになるだろう。

　最後に、ユーザが退職してOkta上のユーザが無効化されると、連携先のアプリケーションのユーザも、アプリケーションが無効化処理をサポートしていれば同様に無効化される。こうして、ユーザが企業から退職した後で、データにアクセスできないことが担保される。

　引き続き、ユーザのプロビジョニングについて見ていこう。

5.1.1　ユーザのプロビジョニング

　アプリケーションでプロビジョニング機能を有効にする設定は難しくない。こうした機能の一部はこれまでの章でも触れてきたが、改めてアプリケーションに対するプロビジョニング処理全体がどのように行われるかを俯瞰しよう。「3章　SSO（Single Sign-On）によるユーザ利便性向上」で説明した手順に従ってアプリケーションを追加したら、**Provisioning**タブに行き、Oktaが示す手順に従って連携の設定を開始する。設定はアプリケーションにより若干異なる。Oktaはサービスアカウントを用いて、アプリケーションやそのリソースへのアクセスを行う。連携の設定が完了すると、サービスアカウントはSCIMなどの方式を用いてユーザを管理する。横のペインには、次の図のように**To App**、**To Okta**、**Integration**といったメニューが表示される。

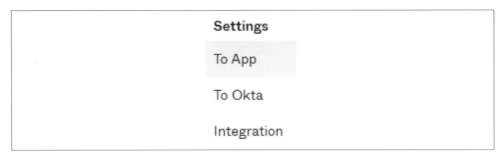

図5-2　プロビジョニングの設定

　Integrationメニューでは、Oktaとアプリケーションが互いに連携する際の設定について確認できる。アプリケーションごとに要件が異なるため、具体的な設定については適宜確認してほしい。連携には通常APIキーが用いられるが、加えてアプリケーションの特定の領域に権限をもつサービスアカウントも必要となるだろう。API、認可、スコープなどについては「7章　API管理」で詳しく説明する。引き続き、**To App**と**To Okta**メニューについて見ていこう。

　To Appメニューでは、Oktaがアプリケーションのユーザを管理する設定を行う。**Create Users**、**Update User Attributes**、**Deactivate Users**、**Sync Password**を各々有効にするだけで、OktaによるアプリケーションのID管理が実現する。

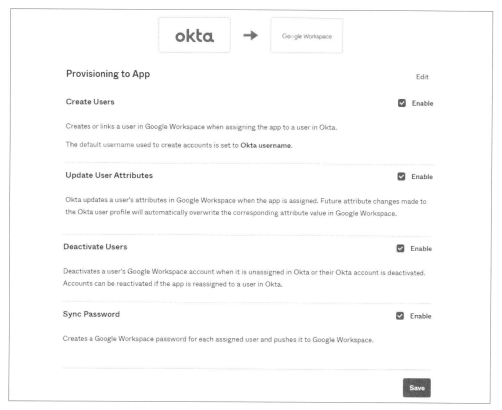

図5-3 To App メニューの設定

これらの設定はそれほど難しいものではないが、Okta上でのユーザの管理全体に影響するため注意して設定してほしい。

- **Create Users**：その名の通りである。なお、アプリケーション側のユーザの作成は別の管理機構で行われており、Oktaは作成後のユーザを管理するだけの場合もあるだろう。
- **Update User Attributes**：設定を有効化することで、Oktaはユーザプロファイルに行われた変更を、プロファイルマッピングに従って連携先アプリケーションのユーザプロファイルに同期する。
- **Deactivate Users**：設定を有効化することで、ユーザの状態がOkta上での状態と同期されるようになる。これがアプリケーションから見たときに好ましくない状況となる場合は、**Deactivate Users** チェックボックスをチェックしないでおくこと。
- **Sync Password**：有効化することで、Oktaはアプリケーションのパスワードをランダムな値で更新するか、Okta側でユーザがパスワードを変更した際にそのパスワードを同期するようにな

る。このチェックを外すと当然パスワードの同期が行われなくなるが、SSOの設定が行われていれば問題とはならない。どちらのオプションが要件に合致するかは状況と方針による。

　アプリケーションによっては、これ以外のオプションも存在する。例えばファイルサーバ機能を提供するアプリケーションであるBoxでは、次のように退職するユーザのデータの扱いを制御するオプションが存在する。

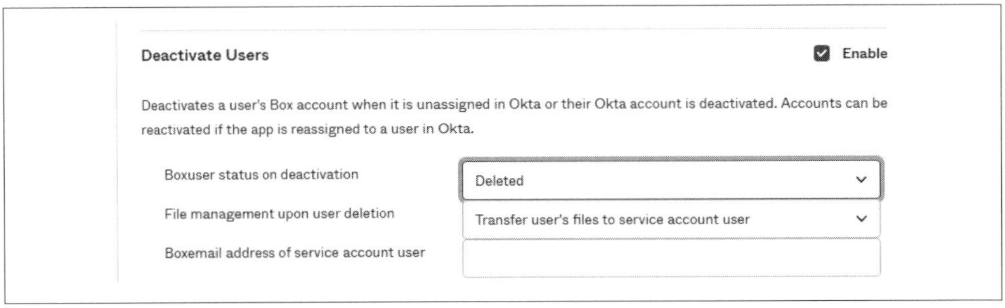

Deactivate Users ☑ Enable

Deactivates a user's Box account when it is unassigned in Okta or their Okta account is deactivated. Accounts can be reactivated if the app is reassigned to a user in Okta.

Boxuser status on deactivation	Deleted ⌄
File management upon user deletion	Transfer user's files to service account user ⌄
Boxemail address of service account user	

図5-4　退職するユーザのデータの扱いを制御するBoxのオプション

　これらのオプションはアプリケーションごとに異なるため、プロビジョニングをサポートするアプリケーション全体で共用するものではない。

　To Okta メニューでは、データをOktaにインポートして処理する設定を行う。

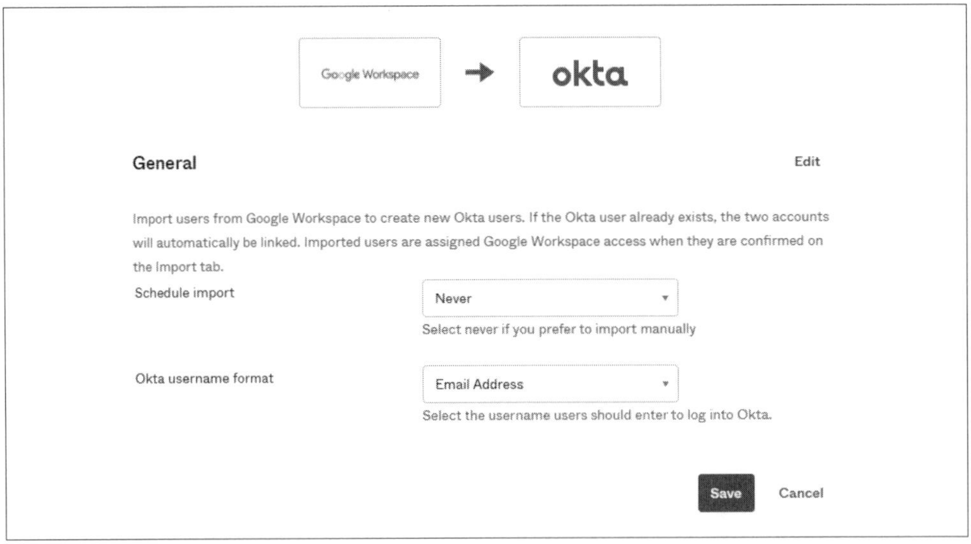

Google Workspace ➡ **okta**

General　　　　　　　　　　　　　　　　　　　　　　Edit

Import users from Google Workspace to create new Okta users. If the Okta user already exists, the two accounts will automatically be linked. Imported users are assigned Google Workspace access when they are confirmed on the Import tab.

Schedule import	Never ▾
	Select never if you prefer to import manually
Okta username format	Email Address ▾
	Select the username users should enter to log into Okta.

Save　Cancel

図5-5　Oktaに対するプロビジョニング設定のGeneralセクション

　以下、各設定について説明する。

- Schedule import：**Edit**をクリックすると、新規ユーザをインポートする頻度を指定できる。インポートが行われる度に、グループについても同様に更新が行われる。スケジュール化されたインポートは最短で毎時、最長で2日ごとに行われる。これが**Never**に設定されていると、インポートは、アプリケーションの**Import**タブから手動で実行したときのみ行われる。
- Okta username format：インポートされるユーザのユーザ名を設定する。値に応じて、Oktaユーザ名として使用する属性を設定できる。

ここでは、**Email Address**を選択するか、**Custom**を選択した上で、式言語を用いてアプリケーションとOktaで使用可能な属性に基づくユーザ名の生成ロジックを作成する。Customを選択した際の設定画面を次に示す。

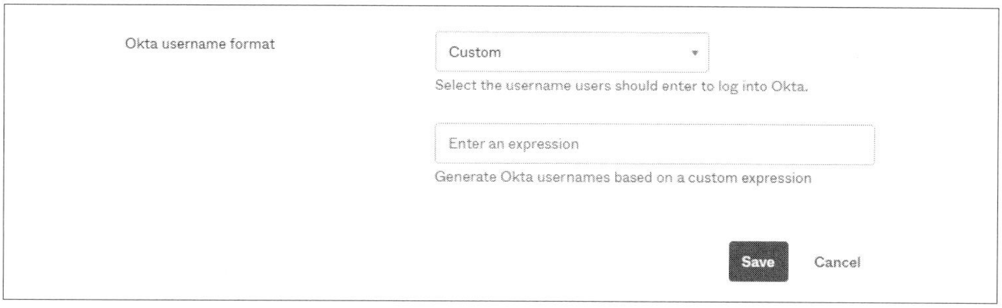

図5-6　ユーザ名のCustom選択時の画面

Saveをクリックすることで定期的なインポートが開始され、アプリケーションから新規に同期されたユーザのユーザ名生成処理が開始される。

次のセクションでは、インポートされたユーザに対する処理を指定する。

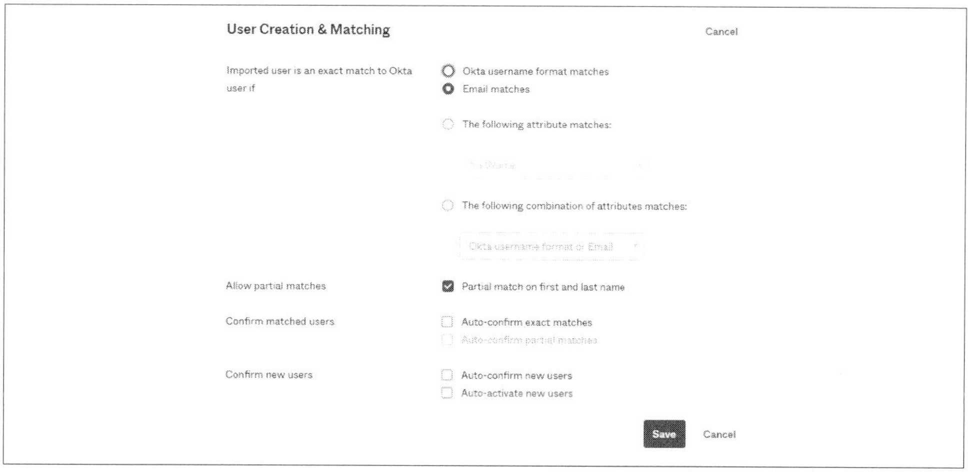

図5-7　User Creation & Matchingセクション

これらの設定は、「2章　UD（Universal Directory）の活用」で説明したものとほぼ同様である。
User Creation & Matchingセクションでは、インポートされたユーザをOktaの既存のユーザと対応づける方法や、Oktaがこれらのユーザを確定し、有効化する方法について設定する。

Imported user is an exact match to Okta user ifでは、次のオプションから適切なものを選択する。

- **Okta username format matches**：アプリケーションのユーザ名が既存のOktaユーザのユーザ名と完全一致した際に対応づけを行う。
- **Email matches**：メールアドレスが既存のOktaユーザのemail addressと完全一致した際に対応づけを行う。
- **The following attribute matches**：対応づけを行う属性を指定することができる。firstName、title、phoneNumnerなどが候補となるだろう。
- **The following combination of attributes matches**：直前のオプションと似ているが、**Okta Username format or Email**、**Email and Name**といった、定義済の属性のペアとの完全一致で対応づけを行う。

> 複数のユーザに対して類似の値が設定されている可能性のある属性の使用には留意すること。場合によってはユーザを上書きしてしまったり、想定外のユーザと対応づけを行ってしまったりする可能性がある。

これらのオプションにより、対応づけが行われたユーザが新規ユーザとしてインポートされてしまわないようにできる。なお、ユーザIDの対応づけがうまくいかないと、ユーザに多大な影響が発生する。Google Workspaceのユーザプロファイルに基づいてユーザをインポートしたが、Slackからインポートしたユーザとの対応づけに失敗してしまった状態を想像してほしい。両方のインポートによりユーザが自動的に有効化されると、突如としてOkta上に2人のユーザが存在する事態となってしまう。こういった事態を抑止するのが、ユーザの対応づけを行う理由である。

続くオプションは部分一致に関するものである。これを有効化すると、Oktaはfirst nameおよびlast nameに一致するかを確認する。これは、ユーザ名、メールアドレスなどの属性で対応づけが行えない場合に有用である。ただし、この設定はユーザが認証時に用いる資格情報に悪影響を及ぼす可能性があるため、注意して利用すること。場合によってはIT管理者側での是正が必要な事態を引き起こしかねない。

引き続き、対応づけが行われた際の挙動を設定する。最初の設定では、完全一致もしくは部分一致の際に、ユーザの確定を自動で行うかどうかを設定する。これらのチェックボックスをチェックすることで、Oktaはユーザのインポートと対応づけを自動で行うようになる。これにより有効なユーザはOkta経由でアプリケーションへのアクセス権を取得し、アプリケーションのIDは**To App**メニューの設定に基づいて管理されることとなる。

最後に、新規のユーザに対するOktaの挙動を設定する。次の2つのオプションが利用可能である。

- Auto-confirm new users：この設定を行っただけの場合、新規ユーザは自動的にOktaにインポートされ、確定されるが、有効化はされない。インポートされたIDを、後から手動で管理したり、他のサービスと対応づけしたりしたい場合は、この状態がよいだろう。
- Auto-activate new users：この設定を行った場合、ユーザは直ちに有効化され、アクティベーションのメールがユーザに送信される。これにより、外部からOktaにインポートされた新規ユーザが最速で利用可能となる。

もちろん、必要なときにユーザを手動でインポートすることもできる。Importタブにいくと、Importボタンがある。これをクリックすることでインポートが開始される。アプリケーションによっては、処理時間が早いものもあれば遅いものもある。これはAPIの仕様に依存する。

次の画面は、誰もインポートされていない状態のImportタブである。

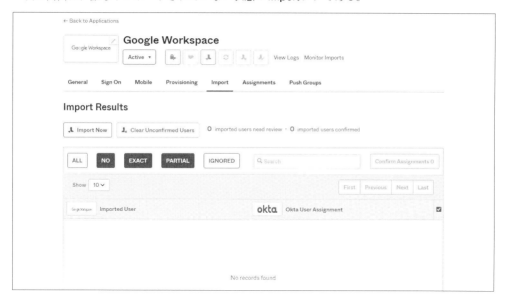

図5-8　Importタブからユーザを手動でインポートする

　Importタブはプロビジョニングが未設定であっても表示される。この場合でも、CSVファイルを用いることで、アプリケーションのImportタブからユーザをインポートできる。

インポートを実行するとユーザがインポートされる。

　先ほどのAuto-confirmやAuto-activateを設定している場合、対応づけされたユーザは自動的に確定され、有効化された状態となる。それ以外の場合は、**Import**ウインドウから手動で作業を行う。

　Importタブで新規にユーザをインポートした状態を次に示す。

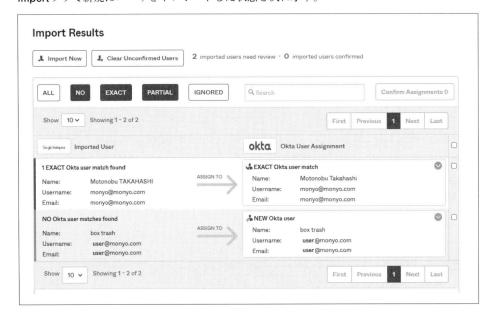

図5-9　インポートされたユーザ

　左列には、インポートされたユーザが、**Name**、**Username**、**Email**といったインポート元の属性情報と併せて列挙される。

　右列には、前述した設定に基づき、Oktaが対応づけを実施できたかが表示される。

　インポートされた各ユーザについて、右側の小さい矢印をクリックすることで処理を変更することができる。選択可能なオプションを次に示す。

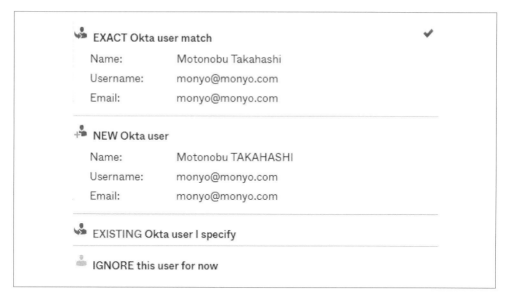

図5-10　インポートのオプション

　この例では、Oktaは完全一致するユーザを検出している。この状況で選択可能なオプションを見ていこう。

- EXACT：User Creation & Matchingセクションで行われた設定に基づいて完全一致が検出されたユーザとの対応づけを実施する。
- NEW：アプリケーションからの情報を元に新しいOktaユーザを作成する。
- EXISTING：ユーザ検索を行い、個別に指定した既存のOktaユーザと対応づける。
- IGNORE：このユーザに対して処理を行わない。ユーザはImportウインドウ内でIGNOREDというステータスで残置される。

　ユーザに複数のアカウントを持たせたい場合もあるだろう。その際は新規ユーザを作成するのがよい。個別に指定した既存のOktaユーザとの対応づけは、ユーザが部分一致した場合や、メールアドレスやユーザ名といった属性が異なっている場合に用いられる。ユーザに対して処理を行わない場合は、当該のユーザは確定されず、ユーザの有効化も行われない。この対応は、通常サービスアカウントがインポートされた場合や、Oktaへの追加が不要なゲストユーザなどに対して行われる。

　Oktaが自動的に行った対応づけのチェックが完了したら、名前の横にあるチェックボックスをチェックすることで、当該ユーザを確定することができる。

　大量のインポートを行った場合は、適宜ページを切り替えてユーザを参照してほしい。各ページの上部にあるチェックボックスをチェックすることで、ページ内のすべてのユーザのチェックボックスをチェックすることができる。ページごとに一括選択を行うことで、確定したいユーザをまと

めてチェックできる。

　ページ上部および下部にある**Confirm assignments**ボタンには、選択されたユーザ数が表示されており、クリックするとユーザを確定と同時に有効化するかが確認される。考え方次第ではあるが、これを受け入れても良いし、あるいはアカウントの有効日まで待つか、アカウント有効化する前にさらに設定が必要な場合もあろう。

　ボタンをクリックすると、次のような**Confirm Imported User Assignments**という画面が表示され、ユーザの有効化を行わずに確定だけを行うことができる。

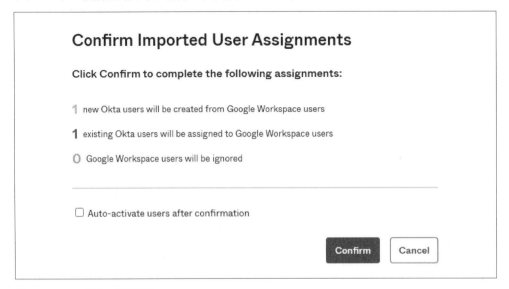

Confirm Imported User Assignments

Click Confirm to complete the following assignments:

1 new Okta users will be created from Google Workspace users

1 existing Okta users will be assigned to Google Workspace users

0 Google Workspace users will be ignored

☐ Auto-activate users after confirmation

Confirm　Cancel

図5-11　ユーザ確定の確認画面

　Confirmをクリックすると、選択されたユーザはこの一覧から除外される。処理を行わないこととしたユーザは**Import**タブの**IGNORED**に追加され、それ以外のユーザについては、Oktaで管理可能な状態となる。

　ここでは、連携設定により、ユーザのアプリケーションに対するプロビジョニングと新規ユーザのインポートを可能とする設定を行った。これは、既存のアプリケーションに存在するユーザを集約して管理可能とするための方策となる。HRシステムをユーザのマスタとすることで、自動化をさらに進めることもできる。これについて見ていこう。

5.1.2　ユーザのマスタ管理

　社員の企業生活は、通常人事部に始まり人事部に終わる。人事部は採用活動を統括しており、社員の連絡先、割り当てる役割、配置先の部署、業務を行う場所、雇用開始日など、新規に雇用する社員に必要な情報を集約して管理している。これらはIT管理者がディレクトリを適切に管理し、社

員に対して適切な権限を適切なタイミングで付与する上でも必要な情報である。HRシステムをマスタとして用いることで、これらの情報を社員の入社から退職に至るまで適切に管理することが可能となる。

　Workday、BambooHR、Namely、UltiPro、SuccessFactorsなど、人事システムによっては、OINに連携が存在しているものもある。実装されている連携機能はシステムごとに異なっており、プッシュ同期などの高度な連携が実装されているものもあれば、基本的な連携、例えば属性の同期などに留まっているものもある。

　連携機能のない人事システムを使っている場合でも、APIリクエストやCSVインポートなどを活用することで、マスタとして用いることは可能である。

OktaのREST APIを用いることで、WebベースのAPIリクエストおよびレスポンスの処理が可能な任意のプログラム言語やスクリプト言語を用いて連携処理を行うことができる。これ以上は本書の範疇を越えるため、詳細については、Oktaの開発者サイト（https://developer.okta.com/docs/reference/）を参照してほしい。

　人事システムがCSVファイルのエクスポート機能を有している場合は、それをOktaのマスタとして用いることができる。Oktaでの設定方法について見ていこう。**Directory**⇒**Directory Integrations**と移動して**Add Directory**をクリックし、**Add CSV Directory**を選択する。初期設定としては、**General**セクションでディレクトリ名を設定するだけで良い。**Done**をクリックすることで後続の設定を行う。

　メニューのオプションを以下に示す。

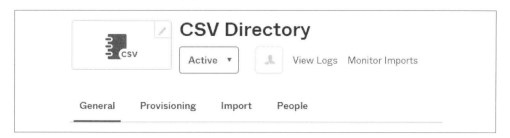

図5-12　CSVディレクトリの設定画面

　Generalタブでは、ディレクトリの説明といった共通的な設定のみを行える。ユーザの区分別に異なるCSVディレクトリを用いている場合（例えば1つを従業員、1つを委託先、1つをパートナーなど）は、それをここに記載するとよい。

　Provisioningタブからインストールを実施する。CSVファイルのデータを処理するためには、適切なエージェントを用いる必要がある。エージェントはLinuxやWindowsサーバにインストールできる。次に前提条件を示す。

- **On-Premise Provisioning（OPP）**エージェントをファイアウォールの内側に存在するLinux（CentOSもしくはRHEL）か、Microsoft Windows Server（x86/x64）にインストールすること
- OPPエージェントのバージョンは1.03.00以上であること
- CSVファイルの拡張子が.csvであり、オンプレミス側のフォルダに保存されていること
- CSVファイルの文字コードはUTF-8であること
- OPPエージェントはCSVファイルを読み取る権限を保持していること
- すべての有効なユーザを毎回インポートすること
- すべての必要な属性を毎回インポートすること
- 各属性およびヘッダのフォーマットがすべて適切であること

設定は、**Integration**メニューの**Provisioning**タブから行う。

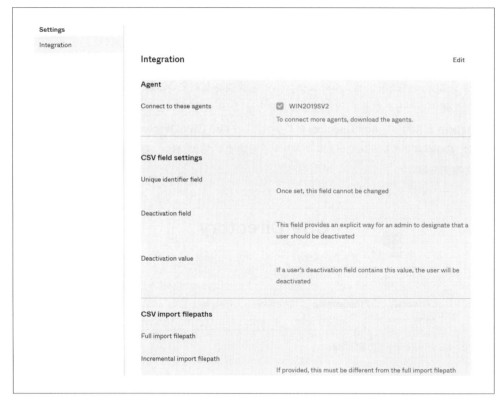

図5-13 CSVディレクトリのIntegrationメニュー画面

各設定について順に説明する。

- **Connect to these agents**：現在有効なエージェントの一覧。同期対象となるのは、チェック

ボックスでチェックされているエージェントのみとなる。

- **Unique identifier field**：ユニークなIDとして使われるCSVファイルの属性。これは表示名ではなく、userIDといった属性名を指定する必要がある点に注意すること。

- **Deactivation field**：指定された属性が、ユーザを無効化するかどうかの判断に用いられる。属性名を設定することで、Oktaは当該属性の値がDeactivation valueで指定された値となっているかを確認する。属性名としては**Status**といった名称がよいだろう。

- **Deactivation value**：Oktaがユーザを無効化すべきかを判定する値。Deactivatedといった値がよいだろう。

- **Full import filepath**：完全インポートを行うためのCSVファイルのパス。Windowsでは`C:\Users\Administrator\Desktop\csv\test.csv`といった値、Linuxでは`/opt/OktaProvisioningAgent/csv/test.csv`といった値を設定する。

- **Incremental import filepath**：差分更新を行うためのCSVファイルのパス。これはオプションであり指定しなくてもよい。完全インポート用のファイルとは異なるパスを指定する。

これで**Provisioning**タブの設定は完了である。残りの**Import**タブおよび**People**タブについては、「2章　UD（Universal Directory）の活用」で説明したAD連携におけるこれらのタブと同様の機能を有する。**Import**タブ内の**EXACT**と**PARTIAL**は本章の「5.1.1　ユーザのプロビジョニング」節での説明の通りに機能する。**People**タブでは、このディレクトリからインポートされたユーザを一覧できる。

次に、HRシステムをユーザのマスタとして設定する方法について見ていこう。

HRシステムの設定はOIN内で連携が提供されている各システムごとに異なっているため、ここでは一般的なHRアプリケーションであるBambooHRを例に説明しよう。**Applications**⇒**Applications**と移動して**Add Application**をクリックし、BambooHRを検索の上、クリックすることで設定が開始される。**General**設定では、次のような項目を設定する。

1. **Application label**：ユーザ向けのアプリケーション名
2. **Subdomain**：ドメイン名を入力する。普段http://acme.bamboohr.comにサインインしているのであれば、acmeと入力する。
3. **Application visibility**：アプリケーションをダッシュボード上に表示するかどうかのチェックボックス
4. **Browser plugin auto-submit**：ユーザがアプリケーションのサインインページにアクセスした際に自動的にユーザの資格情報を送信するかどうかのチェックボックス

引き続き、Sign on methodページで認証方式の設定を行う。このアプリケーションでは、SWAとSAML 2.0のいずれかを選択できるが、SSO設定を行う場合は、ユーザ利便性の観点でSAMLの利用が強く推奨される。アプリケーションをSSOさせる方法については、「3章　SSO（Single Sign-

On）によるユーザ利便性向上」で説明済のため、ここではSWAを選択してみよう。引き続き、**Provisioning**タブからアプリケーションの連携設定を行う。

アプリケーションでプロビジョニング機能を用いる上で、SSO設定は必須ではない。

　アプリケーションの設定を完了し、プロビジョニングの連携設定を行うことで、HRアプリケーションをマスタに設定することが可能となる。**Provisioning**タブから**To Okta**メニューをクリックし、**Profile & Lifecycle Sourcing**セクションまでスクロールダウンする。ここで**Edit**をクリックし、**Allow BambooHR to source Okta users**チェックボックスを有効化する。これを行うと、追加のオプションがいくつか設定可能となる。

Profile & Lifecycle Sourcing   Cancel

☑ Allow BambooHR to source Okta users

Enabling this setting allows BambooHR to control the profiles of assigned users and makes these profiles read only in Okta. Profiles are managed based on profile source priority.

When a user is deactivated in the app | Deactivate ▾ |

When a user is reactivated in the app   ☐ Reactivate suspended Okta users
                                             ☐ Reactivate deactivated Okta users
                                             When enabled, existing users will be reactivated automatically

                                                             Save   Cancel

---

図5-14　プロビジョニングのオプション

　一般的なプロビジョニング設定では、デフォルトの設定である**Deactivate**を選択する場合が多いだろう。これにより、BanbooHRでユーザを無効化すると、Okta上のユーザも無効化される。他には次のオプションが選択できる。

- **Do nothing**：Oktaユーザの状態を一切変更しない。
- **Suspend**：Oktaユーザの状態をsuspendにするが、無効にはしない。これにより、他のアプリケーションでユーザが無効化されなくなる。

　次の設定は、先の設定で何を選択したかに依存する。先ほど**Deactivate**を選択した場合は、BambooHRでユーザが再度有効化された際に、Oktaユーザの再度有効化させるのが自然であろう。

　ここでBambooHRからユーザをインポートし、既存のOktaユーザに対応づけを行うか、新規ユーザとして扱うかのいずれかを実施する。インポートの実施後にImportタブを参照すると、対応づけが行われたユーザと新規に作成されたユーザのいずれについても、BambooHRがマスタであることが確認できる。

　これらのユーザについては、ユーザのマスタがHRアプリケーションになっているため、Okta上で属性を直接編集できない。

　ここまでユーザのプロビジョニングと、ユーザのマスタを外部のHRアプリケーションに設定する方法について説明した。次はユーザプロファイルの拡張について仔細に見ていこう。

5.2　プロファイルの拡張

　Oktaはプロビジョニングの際にユーザプロファイルを拡張する機能が備わっている。これを実現する機能の1つとして、**Okta独自の式言語**（Okta Expression Language）が実装されている。これはSpring Expression Language（SpEL）ベースの言語であり、実行時にオブジェクトへの問い合わせや変更を行うことができる。この言語を用いることで、属性を変更したり、Oktaユーザの属性として格納する前、あるいは認証やプロビジョニングのためにアプリケーションに引き渡す前にその属性を参照したりすることができる。このトピックについては語るべきことが多く、すべてを記載するのは本書の範疇を越えるため、ここでは一般的な用途についての実例を見ていくこととする。これ以外の要件については、https://developer.okta.com/docs/reference/okta-expression-language/ にある各種情報を参照してほしい。説明を理解する上で、基本的な知識が若干必要となる。すべてのユーザがOktaプロファイルを保持している。これは、ユーザのマスタがどこかに関わらない。これに加えて、すべてのユーザが、割り当てられたアプリケーションごとに、アプリケーションユーザプロファイルを保持している。

　式言語を用いて何ができるかを説明する前に、プロファイルのマッピングについて見ていこう。これについては「2章　UD（Universal Directory）の活用」で少し説明したが、ここではアプリケーション視点でより詳細に説明する。ディレクトリ連携や、アプリケーションのプロビジョニング機能を使っている場合、ディレクトリやアプリケーションの属性をOktaに格納されているユーザの属性と対応づけることができる。これを属性マッピングという。Google Workspaceを例に、これがどのように動作するかを見ていこう。

5.2.1　属性マッピングによる属性の対応づけ

　Applicationsから対象のアプリケーション、ここではGoogle WorkspaceのProvisioningタブをクリックする。左のメニューからアプリケーションに対し、もしくはアプリケーションからの属性マッピングの設定を行うことができる。例えば**To Okta**メニューを選択してスクロールダウンすると、**Okta Attribute Mappings**セクションでOktaの属性に対する対応づけを確認できる。**To App**メニュー

についても同様に、Google Workspace Attribute Mappingsセクションで対応づけを確認できる。

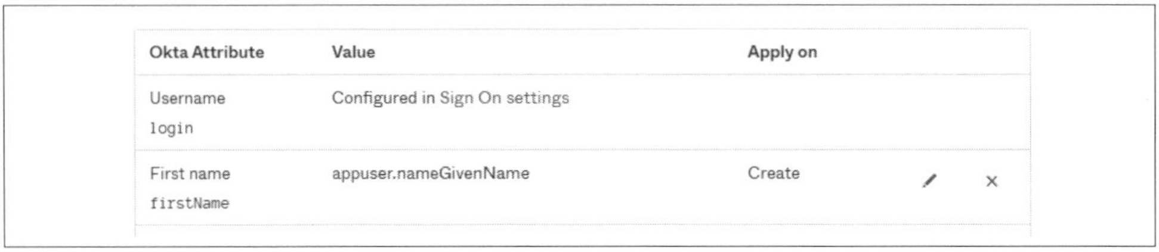

Okta Attribute	Value	Apply on		
Username login	Configured in Sign On settings			
First name firstName	appuser.nameGivenName	Create	✎	✕

図5-15　属性マッピングの例

　ここでは、UsernameがSign On Settingsに基づいて設定されていることを確認できる。また、このアプリケーションユーザプロファイルのFirst name属性は、アプリケーションから取得されていることも確認できる。これを変更したい場合は、右手のペンのアイコンをクリックすることで、属性の値の設定方法を次から選択できる。

- Same value for all users
- Expression
- Map from application：この例ではGoogle Workspace

　先ほどの図は、3つ目のオプションが選択されていた時のものである。このオプションを選択すると対応づけることができる属性の一覧が表示され、設定の適用対象としてCreateもしくはCreate and Updateを選択できる。

　属性の一覧に戻り、リストの末尾にあるShow Unmapped Attributesをクリックすることで、対応づけが行われていない属性の一覧を確認できる。ここから、例えばFacebookのProfileURL属性を取得し、別のアプリケーションに連携するといった設定が可能である。

　To OktaメニューのOkta Attributes Mappingsセクションの直下にあるGo to Profile Editorから、特定の属性のマスタをプロビジョニング機能を有する別のアプリケーションに変更することができる。Profile Editor内の属性一覧から変更したい属性の右にあるiアイコンをクリックし、Source priorityから、この属性についてのマスタを設定する。独自に作成した属性についても同様の設定が可能である。詳細については「2章　UD（Universal Directory）の活用」を参照してほしい。別の属性の一部を抜き出して設定したい場合や、他の属性を参照して設定したい場合は、式言語を用いる必要がある。これについての詳細を見ていこう。

5.2.2　Okta独自の式言語を用いた属性の設定

　前述した通り、Okta独自の式言語により、次のような操作が可能となる。これらについて見ていこう。

- ユーザ属性の参照

- アプリケーションやOkta orgの属性の参照
- 関数

式言語の活用例として、例えば新規属性の作成時に式言語により既存の属性を参照したり、それを加工して値を設定する設定を考えてみよう。まずは**Directory**⇒**Profile Editor**と移動し、新規の属性を作成するアプリケーションもしくはディレクトリを選択する。前述したGoogle Workspaceの例を用いると、リスト内の**Google Workspace**にある**Mappings**をクリックする。

- Google WorkspaceのようなアプリケーションでOktaユーザの属性を参照する場合の式は次のようになる。
  `user.$attribute`

  ここで、`$attribute`は`user.firstName`のようにOktaユーザの属性名となる。

- アプリケーションのユーザプロファイルにある属性を参照したいという場合の式は次のようになる。
  `$appuser.$attribute`

- 別の例として、Zendeskのユーザプロファイル内の属性の値をGoogle Workspaceのユーザプロファイル内の属性に反映させる場合の式は次のようになる。
  `Zendesk.firstName`

  上記をGoogle Workspace側のProfile Editorで設定する。

同様にして、アプリケーション固有の属性値を参照させたり、Okta orgの設定を参照させることもできる。

- アプリケーションのドメイン名を設定する場合の式は、
  `$app.$attribute`

  となり、例えば`zendesk_app.companySubDomain`のような値となる。

- Okta orgの値を参照させる場合の式は
  `org.$attribute`

  となり、例えば`Org.subdomain`のような値となる。

このようにして簡単に活用できる属性はいくつも存在する。例についてはhttps://developer.okta.com/docs/reference/okta-expression-language/を参照してほしい。より複雑な使い方として、関数を用いた属性値の加工が挙げられる。これは、通常属性の一部を削除したい場合や、2つの異なる属性を組み合わせて新しい属性を生成したい場合に使用する。多数の関数が用意されているため、ここで

は一部について紹介する。まずは文字列を操作するStringのメソッドをいくつか紹介しよう。

- 最初はString.joinである。

  次に例を示す：
  String.join("", "This", "is", "a", "test")により、Thisisatestという出力が得られる。スペースで区切って接続したい場合は、代わりにString.appendを用いる。

- 便利な文字列操作関数として、文字列からある文字より前もしくは後の部分を取り出す関数がある。例えばString.substringBeforeに着目してみよう。
  @と組み合わせて用いることで、メールアドレスからドメイン名を削除して、ローカルパートのみを抜き出すことができる。

  次に例を示す：
  String.substringBefore("john.doe@acme.com", "@")により、john.doeが出力される。

- 国コードや州コードといった、標準コードを出力させることも可能である。例えばIso3166Convert.toAlpha3(string)により、数値形式の国コードからテキスト形式の国コードを出力させることができる。

  次に例を示す：
  Iso3166Convert.toAlpha3("840")により、ISO 3166の定義に基づき、840がUSAに変換される。これは、あるアプリケーションがあるフォーマットで出力した情報を、別のアプリケーションでは別の形式で扱いたい場合に便利である。

　これらは、プロファイルマッピングのダイアログボックス内で設定する。アプリケーションからOktaへの対応づけ、逆方向の対応づけいずれで用いることもできる。**図5-16**にある黄色の矢印（ ⬤➔ ）は、属性が生成される時のみ対応付けが行われることを意味する。この矢印が緑色の場合は更新時にも対応づけが行われる。式言語を用いて新規の対応づけを行った場合は、下部にあるPreviewボックスからユーザを検索することで、対応づけの確認を行うことができる。確認が完了したら画面下部の**Save Mappings**をクリックして保存する。

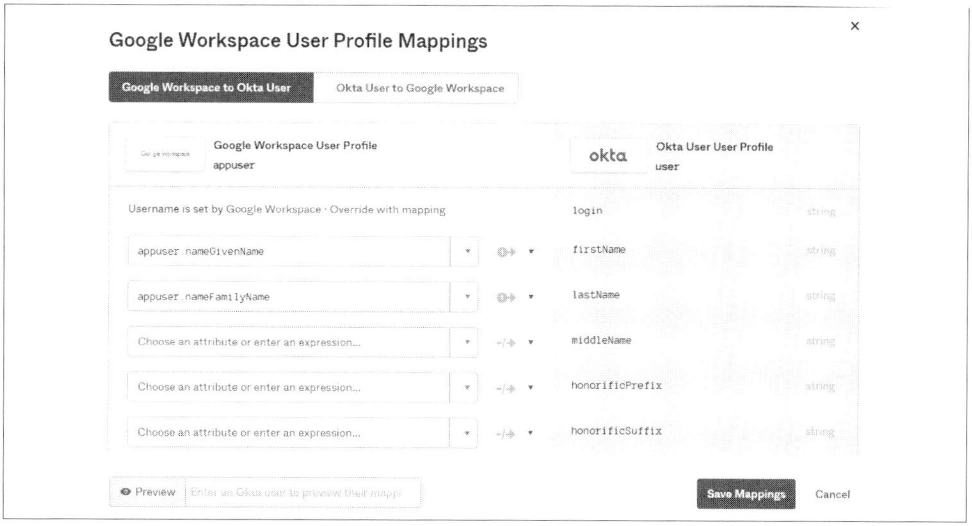

図5-16 式言語を用いた対応づけの例

　対応づけを保存したら、設定は完了である。式言語のサンプルは前述したリンク先に大量に存在する。次はグループルールを活用した自動化に目を移そう。

5.3　グループルールの設定

　グループを活用した自動処理、すなわちグループルールは、Oktaにおける管理者の作業を単純化するための強力な機能である。繰り返し行われる設定や管理作業がグループルールにより自動化される。

　グループルールを設定することで、従業員の一括管理が可能となる。具体的には次のような設定が対象となる。

- ユーザのディレクトリ
- アプリケーションのプロビジョニングとシングルサインオンの割り当て
- セキュリティポリシーの割り当て
- ディレクトリとアプリケーショングループのプッシュ同期

　Oktaユーザやグループの状態を完全に把握することで、Oktaグループを用いた迅速な設定、自動処理、アプリケーション管理が可能となる。ユーザに加え、ユーザの所属するグループをOktaに同期させることで、Oktaのグループルールを用いたユーザの適切な割り当ておよび管理が実現する。

　グループルール内で式言語が提供する多種多様な関数を用いることが可能な点がOktaの強みである。もっとも、プロファイルの属性値に基づく単純な割り当てルールだけでも、ユーザを指定の

グループに割り当てる上で充分である場合も多い。

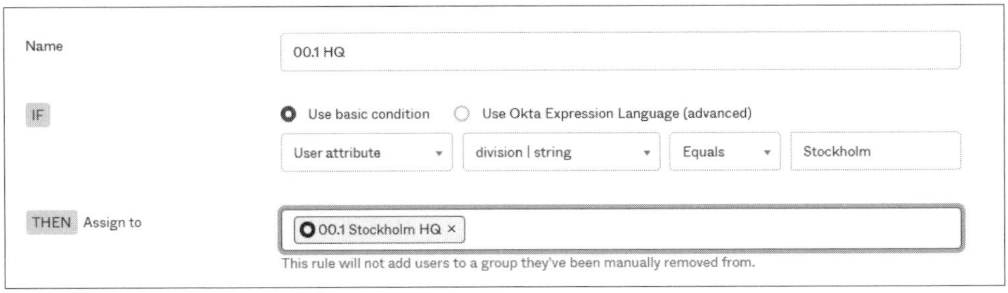

Name	00.1 HQ
IF	● Use basic condition ○ Use Okta Expression Language (advanced)
	User attribute ▾	division	string ▾	Equals ▾	Stockholm
THEN　Assign to	◉ 00.1 Stockholm HQ ×
	This rule will not add users to a group they've been manually removed from.

図5-17　プロファイルの属性値に基づくグループの割り当て

　ここでは単純に、属性の値に基づいてユーザを指定のグループに割り当てている。ユーザを適切な部署グループに割り当てるためにdepartment属性を用いることで、企業の組織情報をうまく活用できている。

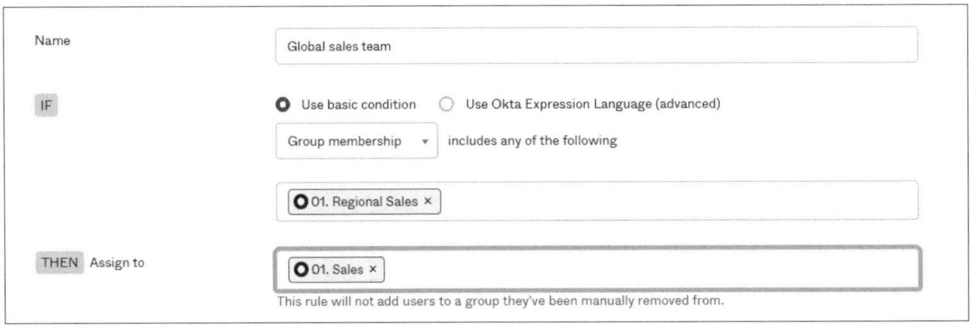

Name	Global sales team
IF	● Use basic condition ○ Use Okta Expression Language (advanced)
	Group membership ▾	includes any of the following
	◉ 01. Regional Sales ×
THEN　Assign to	◉ 01. Sales ×
	This rule will not add users to a group they've been manually removed from.

図5-18　指定のグループをメンバとするグループ設定

　時には、指定のグループに所属するユーザをメンバにした場合もあろう。この例では、地域の営業グループに所属するユーザをグローバルの営業グループ（Global sales team）に割り当てている。

　アプリケーショングループやディレクトリグループを用いてユーザをグループに割り当てたい場合もあろう。次のように、Active Directory（AD）のグループに基づいて、ユーザを指定のグループに自動で割り当てることができる。

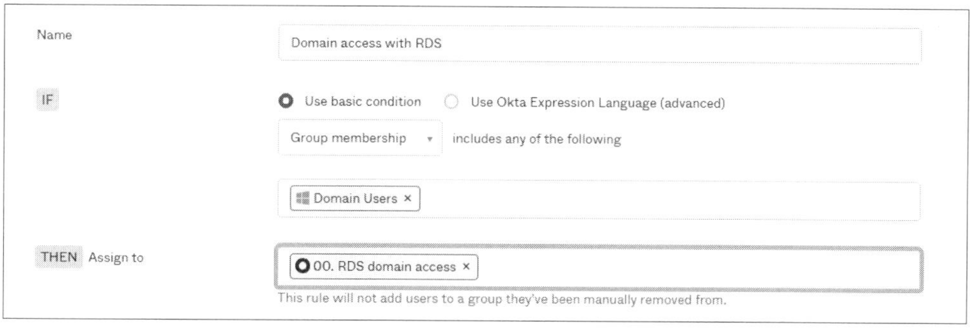

図5-19　ADグループのメンバに基づくグループ割り当てルール

　Oktaにディレクトリグループを連携させることで、より高度な連携を行うことが可能である。**図5-19**を例にすると、ADのグループに所属するユーザをRemote Desktop Services（RDS）グループに割り当てた上で、その情報をADに書き戻すことができる。これにより、ADのグループ管理をOktaに集約することが可能となる。

　特には、グループの割り当てをより厳密に行うため、ユーザをグループへ割り当てる際に細かいルールの設定が必要となる場合がある。Oktaの式言語を用いることで、こうしたルールを設定することが可能となる。

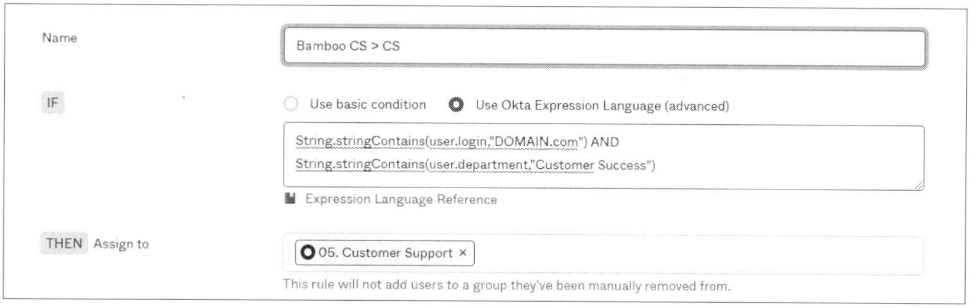

図5-20　Oktaの式言語を用いたグループの割り当てルール

　Oktaの式言語を用いることで、グループへの割り当ての際に対象ユーザのフィルタと抽出が可能となる。この例では、指定のドメインおよび組織に所属するユーザのみが、Customer Supportグループに割り当てられる。

　状況によっては、ポリシーの変更を契機に、ユーザをグループに割り当てることが必要となることもある。例えばユーザが退職した場合は、そのユーザを一定の期間SMS認証を用いたアクセスが可能なグループに所属させる必要があるかもしれない。あるグループに所属するユーザについて、SMS認証を登録させた上で、それによる二要素認証によってのみOktaへのアクセスを許可するポリシーの設定を次に示す。

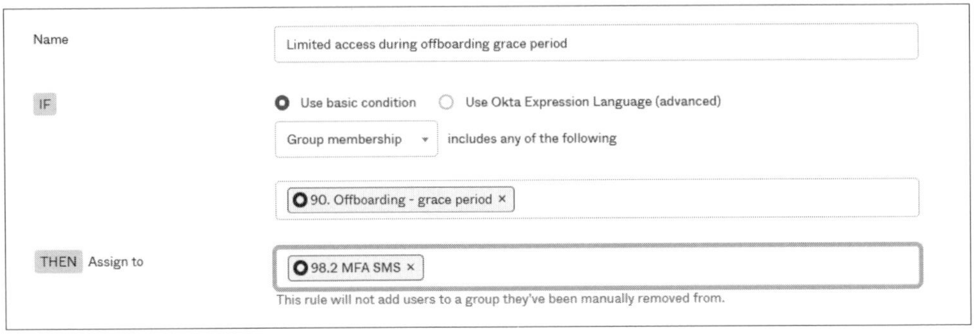

図5-21　登録ポリシー用のグループに別のグループを割り当てる

　退職したユーザに対しても、特定のアプリケーションへのアクセスだけは行わせたいといった場合、当該ユーザがシステムに安全にアクセスする状態は維持したいだろう。こうした状況下では、ユーザ自身が所有するデバイスからアクセスさせる必要があるため、アプリケーションをインストールさせることは難しい。SMSによる二要素認証は若干セキュリティが落ちるものの、何もセキュリティがない状態よりはマシだろう。

　ユーザに対してグループで管理されているライセンスを付与したいという場合もあるだろう。次に示すように、プロファイル属性でライセンス種別を指定の上、グループルールを用いて属性に応じたライセンスをユーザに割り当てるといったこともできる。

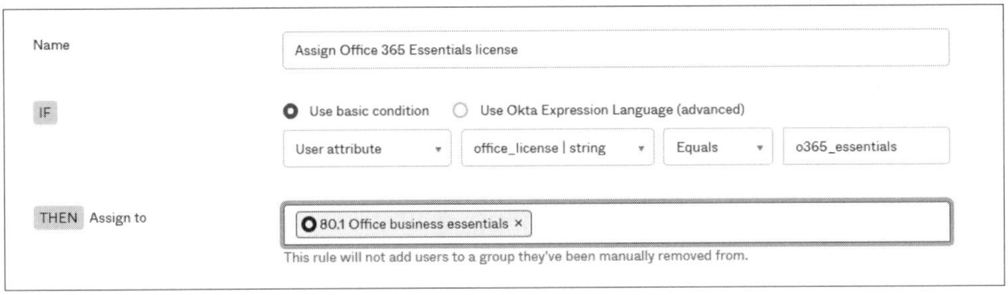

図5-22　グループを活用したライセンス管理

　このように、様々なプロファイル属性を追加することで、処理をさらに自動化することができる。時にはHRシステムがマスタの情報に基づき、IT部門が設定を行うこともあろう。前述の例では、ユーザプロファイルのドロップダウンリストから適切な設定を行うことで、ユーザがOffice Business Essentialsグループに割り当てられ、適切なOffice 365ライセンスに基づくプロビジョニングが行われる。

　これらを含む、多くのルールが**Push Groups**タブで簡単に設定できる。更なる効率化が必要な場合もあれば、単に業務をスクリプト化したいという場合もあるだろう。Oktaはこれらの要件すべて

をカバーするとともに、ルールの作成、更新、有効化や無効化、削除といった機能をAPIを活用して行うことで、管理の高度化が実現できる。

> APIでは様々な機能が提供されており、ドキュメントも非常に広い範囲をカバーしているため、詳細の説明は割愛する。グループルールのAPIに関する詳細については、Oktaの開発者向けAPIリソースである、https://developer.okta.com/docs/reference/api/groups/#group-rule-operationsを参照してほしい。

（例えばSalesからMarketingチームへの異動などの契機で）ユーザの属性値が変更されると、グループルールがそれを検知し、ユーザはmarketingグループに割り当てられるとともに、salesグループからは外される。このようにして効率的な管理が実現するとともに、ユーザを不要となったグループから外すための管理が不要となる。Oktaは影響範囲を認識し、必要な変更を順次行っていく。

ユーザのプロファイルを見ると、グループがユーザに割り当てられた契機が説明から明確に確認できる。グループルールで割り当てられたグループの説明には、次のようにルールへのリンクが表示されている。

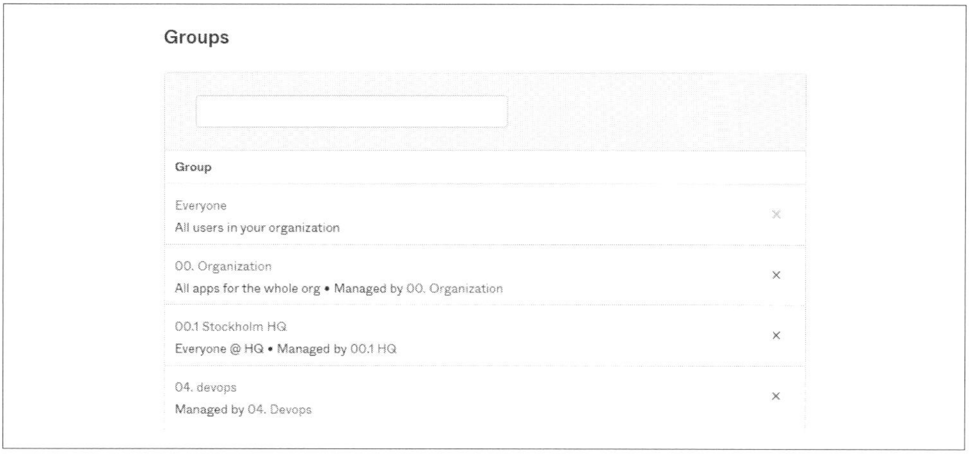

Groups

Group	
Everyone All users in your organization	×
00. Organization All apps for the whole org • Managed by 00. Organization	×
00.1 Stockholm HQ Everyone @ HQ • Managed by 00.1 HQ	×
04. devops Managed by 04. Devops	×

図5-23　ユーザプロファイルのGroupsセクション

「3章　SSO（Single Sign-On）によるユーザ利便性向上」で説明した通り、通常のポリシーには適用順があるが、グループルールについてはこの限りではない。グループルールについては適用順を制御することで意図した処理を実現するといったことはできない。

グループルールは他のグループルールによって行われた変更を契機として機能させることもできる。例えば、あるグループルールによって行われたグループの再割り当てを契機に別のグループルールが動作するといった具合である。こうしたルールのカスケードには性能的な懸念があるため、可能であれば1つのルールに統合することを強く推奨する。

　ルールの設定によっては、ルール内のロジックの制約上、本来割り当てられるべきでないユーザがグループに割り当てられてしまうことがある。こうした場合に、ユーザを割り当て対象から除外するための方法としては、次のようなものがある。

● ユーザをルールから除外する。
● ユーザをグループから除外する。

　次に例を示す。

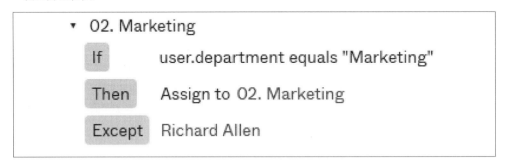

図5-24　特定ユーザを除外するグループルール

　これらの設定により、ユーザがグループに割り当てられないようにできる。除外ルールを設定した後で、ユーザを当該のグループに所属させる必要が再度発生した場合は、ユーザを当該ルールの**Except**リストから削除すればよい。ルールを再有効化することで、ユーザの再評価が行われ、グループルールに基づき、当該のグループに割り当てられる。

　時には、グループルールが想定外の挙動を行い、期待した結果をもたらさない場合がある。特にグループをプロビジョニングに用いている場合は、アプリケーションの割り当てに影響を及ぼすような変更作業を意識しておくことが賢明である。

　グループルールは、ユーザの作成、管理、アプリケーションの割り当てといったタスクの大半を真に自動化する機能である。ポリシー管理に用いることも可能であるため、複数の用途を同時にこなすことも可能である。設定が簡単であり、ITに関わる社員の日々の業務効率向上に寄与するものである一方、誤った設定を行った際の影響も大きいため、注意して扱うべき機能でもある。

　次は、ユーザがアプリケーションへのアクセスを要求する手順について紹介する。これはルールによる自動化では対応できないため、手動での管理が必要となる。

5.4　セルフサービスオプションの設定

　一般ユーザには自身のダッシュボードがあり、アプリケーションを参照したり管理したりすることが可能である。SAMLやOIDCで連携されているアプリケーションについては、クリックすることで自動的にサインインする。管理者がユーザ側で自身の資格情報を入力するように設定しているSWAアプリケーションについては、ユーザがアイコンをクリックすると資格情報の入力を求められ、サインイン後にサインインが成功したかを確認される。答えがyesの場合、入力した資格情報はキャッシュされ、noの場合ユーザは再度入力を求められる。

　ユーザはダッシュボード上のアプリケーションタイルをドラッグアンドドロップで自由に移動させることができる。アプリケーションを素早く探し出せるようにするため、アプリケーションをタブごとに整理したり、ページ上部にある検索バーから検索したりすることができる。

　ユーザ側で追加できるアプリケーションには、個人管理のアプリケーションと企業管理のアプリケーションの2種類がある。これらの設定を行うには、管理コンソールからApplications⇒Self Serviceと移動する。先頭のUser App Requestsセクションで、ユーザ側でのアプリケーションの追加に関する設定の確認や変更が行える。オプションを次に示す。

- Allow users to add org-managed apps：企業管理のアプリケーションの追加を許可する。
- Allow users to add personal apps：個人管理のアプリケーションの追加を許可する。
- Allow users to email "Technical Contact" to request an app：技術担当者に対してアプリケーション要求を行うためのメール送信を許可する。

　下部のAvailable Appsセクションでは、ユーザが要求可能なアプリケーションの一覧を確認できる。

　全ユーザに対して強制的にプロビジョニングを行うのではなく、ユーザが必要なときに自身で追加できるようにしたい企業管理アプリケーションがあれば、Applications⇒Self Serviceと移動し、Allow users to add org-managed appsをチェックして、この機能を有効にすることができる。

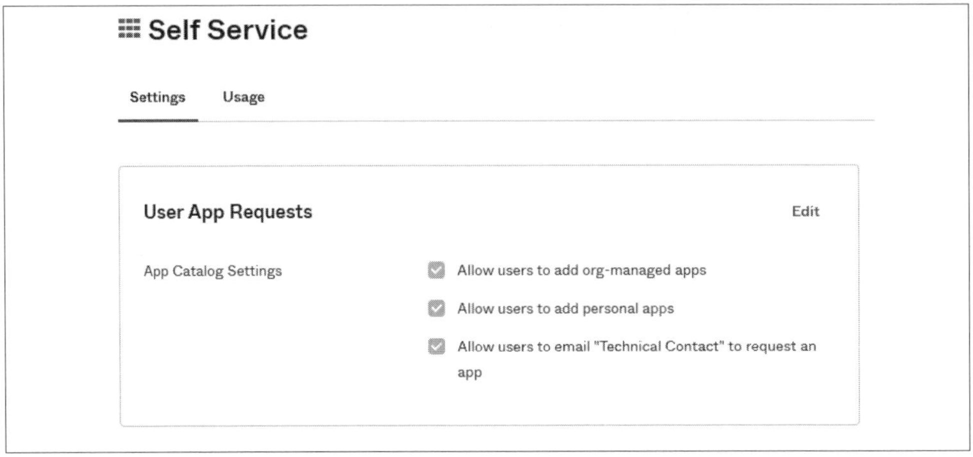

図5-25　ユーザによるアプリケーション要求の有効化

　アプリケーションをユーザが自身で割り当て可能としたい場合は、Application⇒Application から設定したいアプリケーションを選択した上で、Assignmentsタブで、右側のSELF SERVICE にあるEditをクリックし、Allow users to request appをYesに変更する。承認制にする場合は、 ApprovalをRequiredに設定する。デフォルトの*2Not Requiredとした場合は、アプリケーション をユーザが割り当てる際の承認は不要となる。

＊2　［訳注］プロビジョニングを有効としている場合は、Requiredがデフォルトとなる。

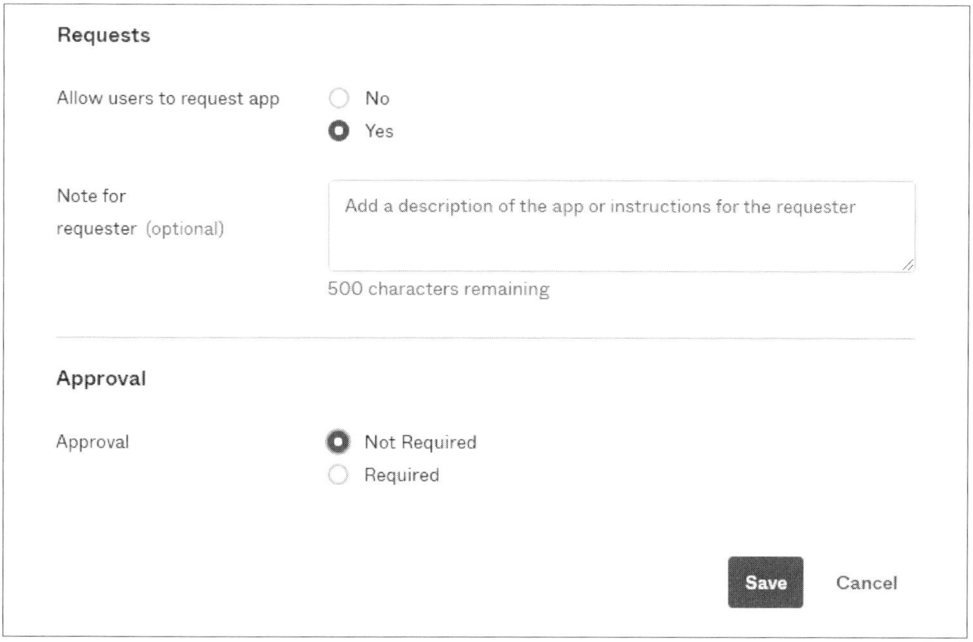

図5-26　ユーザによるアプリケーション要求の有効化

　承認者の役割は、特定個人、複数のユーザもしくは1つ以上のグループに割り当てることができる。1つのグループには100名以上のメンバを割り当てられず、承認要求はグループ内の全員に通知されるが、誰か1名が承認を行うと承認される点に留意すること。複数のグループを割り当てることで、承認の擬似ワークフローを構成することができる。承認者は最大10のユーザやグループに制限され、同一のユーザやグループを複数回割り当てることはできない。承認者には、**Hidden**、**Read**、**Write**という権限（entitlement）を設定する。権限は、承認者がアプリケーションを要求するユーザのアカウントに対して可能な権限を規定するものである。必要以上の権限を与えるべきではないが、アプリケーションによってはプロビジョニングに際して属性を設定することが必要な場合があり、その場合、承認者には**Write**権限が必要となる。承認者の順序を変更したい場合は、ユーザやグループをドラッグアンドドロップすることで簡単に変更できる。アプリケーションが自動プロビジョニングをサポートしていない場合は、承認者の最後にプロビジョニング実施者を設定できる。この場合、最後の承認者が管理者権限を有しており、アカウントのプロビジョニングとアクセス権の設定を可能としておく必要がある。

　最後に、次のように通知設定と承認期間についての設定を行う。

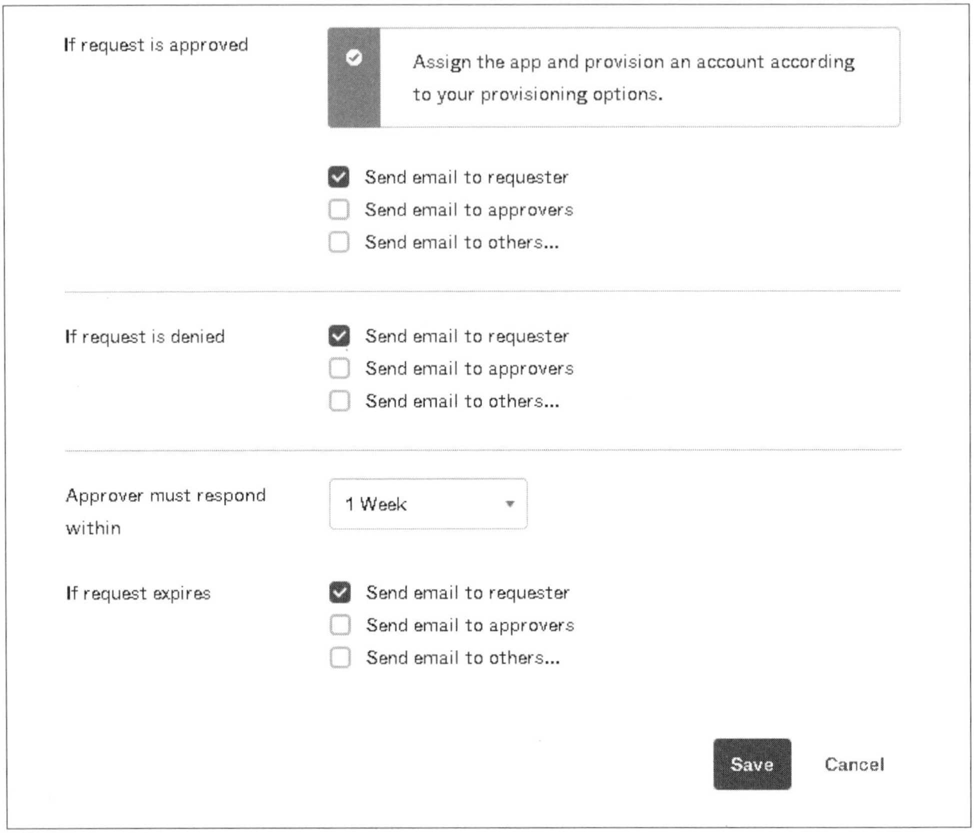

図5-27　承認者に対する通知設定

　画面の先頭でユーザからのアプリケーション要求を許可していなかった場合は、確認が行われるが、それ以外の場合はSaveをクリックすることで、設定が完了する。

　次に、ワークフローについて見ていこう。

5.5　ワークフロー機能

　Oktaのワークフロー機能には、インラインフック、イベントフック、オートメーションの3種類がある。これらは各々異なる機能を有しており、設定も異なっている。

5.5.1　インラインフック

　インラインフックにより、OktaのREST APIを用いて独自に作成した外部サービスを呼び出すことが可能となる。外部サービスの呼び出しは、Okta内の処理におけるイベントを契機として行われ

る。外部サービスはインターネット経由でアクセス可能なエンドポイントを有するWebサービスとなる。インラインフックは同期呼び出しであり、外部サービスを呼び出した処理は、外部サービスからの応答を受信するまで待機する。

以降ではインラインフックを追加する手順について見ていこう。

Super Administratorのみがインラインフックの参照や設定が可能である。

Workflow⇒Inline Hooksと移動し、**Add Inline Hook**をクリックの上、利用したいフックを次から選択する[3]。

- **SAML**：SAMLアプリケーションに送信されるSAMLアサーションを修正する。
- **Token**：認証サーバから発行されたトークンを修正する。
- **Password Import**：ユーザがサインインする際に用いるパスワードをインポートする。

新しいフックを構成するには、次の情報の入力が必要である。

- **Name**：フックの機能を示す名前
- **URL**：Webサービスのエンドポイントを示すURL
- **Authentication field**：認可ヘッダのフィールド名
- **Authentication secret**：上記フィールドに格納される値の文字列
- **Custom header fields**：オプションのフィールド名および値のペア

保存後に、エンドポイントとOkta内の処理との連携を確認すること。具体的な方法は、設定したインラインフックの種別（**SAML**、**Token**、**Password Import**）によって異なるが、フックのいずれかをクリックすると、選択したフックに接続する方法とそれを有効化する方法が表示される。

要件に基づいてインラインフックを実装する手法の詳細については、Oktaのヘルプセンター（https://developer.okta.com/docs/concepts/inline-hooks/#currently-supported-types）を参照のこと。

---

[3]［訳注］訳者が実際に確認した時点では、本書で説明する3つのフック以外にRegistrationというフックも存在している。

5.5.2　イベントフック

イベントフックはインラインフックと似ており、Oktaでのイベント発生時にHTTP POSTを用いて関連する他システムにそれを通知する機能である。この機能は、次のような用途で用いることを想定している。

- ユーザに不審な挙動があった際、Slackチャネルに通知を送信する。
- 顧客があるサービスにサインインした時点で、マーケティング関連の各システムに顧客情報を連携する。

インラインフックと同様に、インターネット経由でアクセス可能なエンドポイントを有するWebサービスが必要となる。Okta orgで指定されたイベントが発生すると、HTTP POSTがエンドポイントに送信される。インラインフックとは異なり、イベントフックは非同期呼び出しであり、Webサービスからの応答を待たずに処理が続行されるが、設定方法はほぼ同一である。Workflow⇒Event HooksからCreate Event Hookをクリックすることで、インラインフックで説明したものと同じ情報の入力が求められる。

5.5.3　オートメーション

オートメーションは、様々な条件を契機としたアクションの自動実行を可能とする機能である。
新規のオートメーション設定を開始すると、最初に処理の実行タイミングと適用先グループの指定を求められる。ここではUser Inactivity in OktaおよびUser password expiration in Oktaといった指定をオートメーション実行の条件に追加することができる。これらの条件は、オートメーションの各アクションに対して任意に組み合わせることができる。アクションとしては、ユーザへのメール送信、ユーザのステータス（suspended、deactivated、deleted）の変更が設定できる。オートメーションの設定例を次に示す。

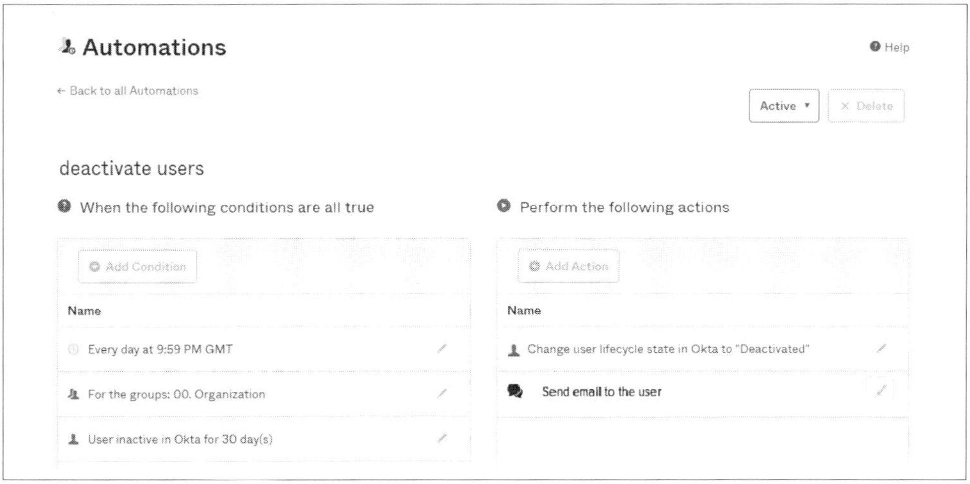

図5-28　30日間活動のなかったユーザを無効化するオートメーション

このオートメーションでは、30日間活動がなかったユーザを無効化する処理が行われる。オートメーションはGMTの毎日9:59pmに実行され、企業内の全員を含むグループが対象となっている。設定した条件に合致するユーザが確認されると、ユーザにメールを送信するとともに、ユーザの状態を無効に変更する。オートメーションの設定内で、ユーザに送信されるメールの事前確認や変更を行うことも可能である。

オートメーションの名称、条件およびアクションを設定した上で有効化することで、バックグラウンドでの実行が開始される。

Okta orgの規模に依存するが、オートメーションが実行開始するまで、最大24時間を要する点に留意すること。ここで説明したような単純なオートメーションであっても、単純な作業の自動化に活用できる。Oktaでより多くのことを行いたい場合は、次の節で説明するOkta Workflowsを活用してほしい。これはOktaの高度なワークフローエンジンであり、IT業務の各ステップを自動化するために実装された機能である。

5.6　Okta Workflowsの活用

Okta Workflowsは、GUIベースのコードレスな自動化ツールで2019年にリリースされた。この機能により、Oktaはユーザの入社から退職に至る過程の各作業をより細かく管理することが可能となった。これは前節で紹介した簡単なオートメーションと比べて、非常に拡張性が高い点が異なっている。Workflowsにより、多くのアプリケーションや独自の機能をワークフローの一部に組み入れることができる。

Workflowsは、Advanced Life Cycle Management（ALCM）製品の一部であり、追加のライセンスが必要である。この機能が有効となっていないOkta orgも多いだろう*4。

Workflowsには様々な機能があるが、ここではその一部を見ていこう。

- アプリケーション側のアカウントのプロビジョニングやプロビジョニング解除：Okta Workflowsにより、ユーザの新規追加を検知し、関連する処理を行うことができる。これにより、新しく入社した従業員のOktaユーザに必要なアプリケーションを割り当て、必要な権限の付与や、役職や役割に基づくファイル共有の設定を行うといった処理を自動的に実施できる。さらに、上司に対して、初期設定が完了したことを通知するメッセージを送信するといったことも可能である。別の例として、Okta Workflowsによりアカウントの凍結を行った上で、そのアカウントの保持する権限を適切なユーザに転送し、凍結したユーザの代行権限を一時的に付与した上で、最終的には当該ユーザを無効化して、すべてのアプリケーションの利用を停止させることも実現できる。

- バッチ処理のロジックと実行タイミングの設定：Workflowsを用いることで、事前に準備作業を行っておくことが可能となる。例えば、アプリケーション内にアカウントを無効化状態で作成した上で、関連する作業を予め行っておくといったことが可能である。この場合、入社日になると、WorkflowsはOktaユーザを有効化した上で、アプリケーション側のアカウントも同様に有効化する。ユーザが退職した際に、給与明細へのアクセスのみは退職者の便宜上の理由で残しておくが、1年後にはアカウントを完全に削除するといった処理も行うことができる。

- 各種競合の解決：Workflowsにはユーザ情報に関する競合を検知し、解決するための機能が備わっている。例えばSlackなどのアプリケーション用に一意なユーザ名を作成し、無効化した既存のアカウントを、新規のユーザに再利用されないようにできる。

- 各種イベントに対する通知：コミュニケーションツールを活用することで、適切な人に対する適切な情報伝達が促進される。管理職に対してSlack上で新規従業員の入社を通知したり、認証要素の問題に関する通知をIT部門にメールするといった要件は、Okta Workflowsですべて実現できる。

- ログとAPIの拡張：エクスポート機能により、Oktaで発生したイベントの詳細を外部のシステムに定期的に送信することが可能となる。これにより、ユーザ、アプリケーション、システムなどに関する最新の詳細な情報を、適切なメンバが直接参照できるようになる。

---

*4　訳注：Okta Workflowsの検証環境を入手できなかったため、本節の内容については実環境での確認を行っていない。また画面イメージも原著のままのため、最新版とはUIが若干異なっている。

Oktaが各種アプリケーションのユーザIDに関する情報と連携を行うためには、アプリケーションとのコネクション設定が必要である。これは、Oktaの既存の連携設定を意味するものではなく、個別にWorkflowsとしてのコネクション設定を行う必要がある。本書執筆時点で、この設定が可能なアプリケーションは、Oktaが予めサポートしているものに限定される。

5.6.1 Workflowsの初期設定

Workflowsを利用する上では、まずWorkflowsアプリを実行する必要がある。Okta orgで本機能が有効になっている場合、**Workflow**メニュー配下にある**Workflows console**にアクセスできる。

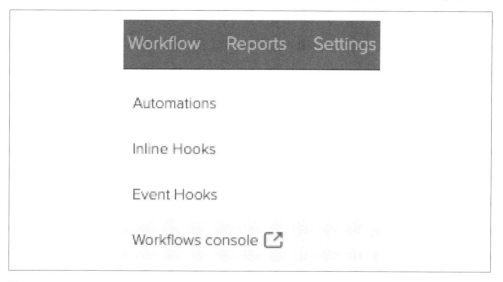

図5-29 Workflowメニュー

このリンクはOrganization AdministratorもしくはSuper Administratorとなっている管理者にのみ表示される。

Workflows consoleの初期状態ではコネクション設定は行われていないが、環境設定用のOIDCアプリケーションが特殊なアプリケーションとして作成されている。

まずは、次の手順に従ってOktaとのWorkflowsのコネクション設定を行う。

1. 管理コンソールで**Applications**⇒**Applications**と移動する。
2. **Okta Workflows OAuth**を選択し、**Sign On**タブを開く。
3. 別のブラウザタブを開き、管理コンソールで**Workflow**⇒**Workflows console**と移動する。
4. **Workflows console**で**New Connection**をクリックする。
5. **Connection Nickname**フィールドに表示名を入力する。これはコネクタの一覧に表示される名前となる。

6. **Domain**フィールドにOkta orgのドメイン名を入力する。https://や-adminは入力しないこと。例えばURLがhttps://organization-admin.okta.comの場合、ドメイン名はorganization.okta.comとなる。

7. 管理コンソール上で、Okta Workflows OAuthアプリケーションからclient IDをコピーする。**Workflows console**に戻り、それを**Connection**画面の**Client ID**フィールドにペーストする。

8. 管理コンソールでOkta Workflows OAuthアプリからclient secretをコピーする。**Workflows console**に戻り、それを**Connection**ウインドウの**Client Secret**フィールドにペーストする。

9. **Workflows console**でCreateをクリックする。

これで完了である！　Workflows上でOkta orgとのコネクション設定を追加できた。

Okta以外のWorkflowsのコネクション設定をサポートしているアプリケーションを追加するための手順も提供されている。本書では、各アプリケーションごとの設定に関する詳細な説明を割愛するが、Workflowsの画面で確認することができる。

以上で、イベントを契機にOktaもしくはコネクション設定を行った他のアプリケーションでアクションを実行できるようになった。Workflowsから活用できるイベントとアクションについて、さらに詳細を見ていこう。

5.6.2　Okta Workflowsによる処理の自動化

Workflowsの各機能を理解する上で、Workflows製品固有の概念を理解しておく必要がある。

- **Workflows**：業務処理の自動化を実現するOktaの製品名
- **Flow**：コネクション設定を用いて複雑な業務処理を実行するために構築されるワークフロー
- **Flowcard**：ワークフローの各ステップ。**Flow**ページで左から右に順に表示される。
- **Event**：**Flow**が開始されるトリガ。1つの**Flow**にイベントは1つのみ存在する。
- **Action**：**Flow**の中でコネクション設定を行ったアプリケーションにメールを送信するといった処理を実行する**Flowcard**
- **Function**：処理の流れを変更するための**Flowcard**

FlowとFlowcardの全体像を次に示す。

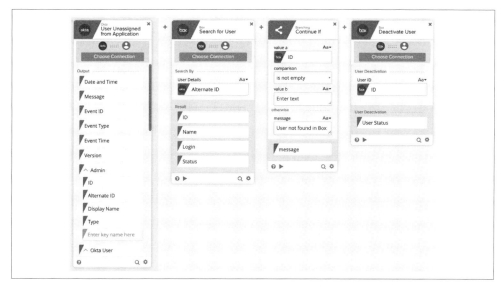

図5-30 FlowとFlowcard

　このFlowの例について説明する。最初のFlowcardはEventであり、このFlowを開始する契機となる条件である。次のFlowcardはActionであり、Okta内のユーザを条件に基づき検索する。3番目はFunctionのFlowcardであり、条件に合致した場合にFlowを継続させる。この例ではContinue If関数を用いている。最後のFlowcardは先ほどとは別のActionのFlowcardであり、コネクション設定が行われているアプリケーションに処理を依頼する。

　Flowcardを組み合わせることで、Flowを用いて様々な要件を実現することが可能となる。

　Flowcardには入力フィールドと出力フィールドがある。入力フィールドは、直前のFlowcardの出力フィールドと接続される。出力フィールドにはEvent、Action、FunctionといったFlowcardの種別に応じた出力が生成される。Flowはドラッグアンドドロップをサポートしており、任意の出力フィールドを別のFlowcardの入力フィールドにドラッグするだけで、これらの2つのフィールドを接続できる。出力フィールドは複数の異なるFlowcardの入力フィールドと接続することが可能であり、あるFlowcardの出力を再利用することが簡単にできる。

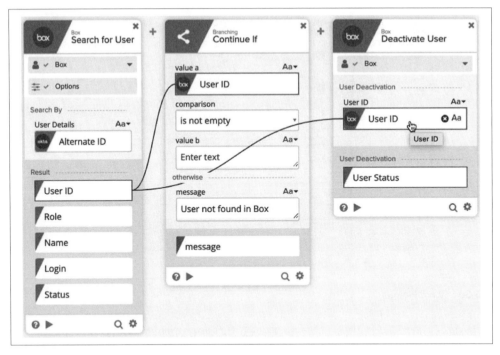

図5-31　複数のフィールドに対する接続

　FlowcardにNoteを追加することで、Flowにコメントを記述できる。これにより、第三者がFlow
の処理内容を理解することが容易となる。

5.6.3　その他の機能

　Okta Workflowsには、これ以外にもFlowで可能な処理を拡張するための機能がいくつか備わっ
ている。

- Tableは Flow内のデータ格納領域である。これは Flow内で生成したデータをレポーティン
  グのために格納したり、別のFlowで再利用するための変数領域として活用できる。Tableは
  Okta Workflows内に格納されるため、利用に際してユーザ認証は不要である。

　Tableに格納されたデータをCSVファイルにエクスポートして保存することで、（Flowを用いて）
関係者にデータを共有することができる。例えば、セキュリティの月例レポートとして失敗したサ
インイン試行を共有したり、退職の状況を人事部門および部門長に共有したりといったことが、
Tableを活用することで実現できる。

　Flow内でTableにアクセスすることで、必要な情報の参照や追加、情報の編集や削除を実施でき
る。FunctionのFlowcardでTableを参照することで、Table内のデータに応じた処理の分岐が可能で

ある。

- **API endpoint**は、Flowを開始するトリガの1つであり、適切なセキュリティ権限を有するサードパーティのシステムがFlowを開始できるようにするものである。例えば、HRシステムがOktaとまったく連携されていないが、API機能を有している場合を考えてみよう。簡単なスクリプトを作成することで、Okta WorkflowsのAPI endpointを用いて新規ユーザの作成、更新、無効化が可能となる。POSTで送信されたデータをFlow内で活用することも可能で、例えば採用日や退職日の情報を連携することで、Flowに採用日までユーザ作成を待機させたり、無効化処理を事前予約した上で、退職日に実行させたりすることが可能となる。

Flowの公開設定を変更することで、エンドポイントをオープンに公開することもできる。これにより、外部サービスからオンデマンドにFlowを実行させたり、様々なアプリケーションと連携して情報を外部に提供したり、あるいは外部サービスがOktaに新規ユーザを登録したりすることが可能となる。これにより、外部サービスからのOktaに対する自動処理が可能となる。

- Flowごとに履歴情報が参照可能であり、これは30日の間保持される。履歴情報により、管理者が正常性を確認したり、Flowが期待通りに動作していないときにデバッグを行ったりすることが可能となる。Flowは機微な情報を扱うこともあるため、履歴の保持はオプトインとなっている。Flowの履歴を有効にするには、Saveダイアログボックスにある Save all data チェックボックスをチェックするか、Flow Historyページの右ペインにある Enable Save Data リンクをクリックする。

履歴情報の取得は任意の時点で無効にすることができる。これは個人情報を扱うFlowを作成する際に、デバッグ中は履歴を有効にしておき、Flow完成後には無効とするといった用途で活用できる。

OktaはWorkflowsのスキルアップのためのユースケースやチュートリアルを大量に提供している。learn.workflows.okta.comにアクセスして、サンプルのライブラリに目を通しておくことを推奨したい。

5.7　まとめ

本章では、これまでの章で個別に紹介してきた事項をつなぎ合わせ、ユーザの入社から退職に至るまでプロビジョニングがどのように機能していくかを俯瞰するとともに、HRシステムをマスタとして用いる方法や、それによってもたらされる機能の強化や人事部門とIT部門間での軋轢を緩和させる方策について紹介した。アプリケーションやディレクトリ間での属性の対応づけの挙動について説明するとともに、式言語を用いた属性の参照や変更についても言及した。さらに、グループを活用した自動処理、特にプロビジョニング周りの処理について説明を行い、最後に、Oktaへの入

出力処理を自動化するためのフックと、Oktaの新しい拡張機能であるWorkflowsの活用法について紹介した。これらの機能により、プロビジョニングを簡便に行うことが可能となる。Oktaの自動処理機能について理解することは、運用業務の効率化に直結する。Workflowsの基本を理解することで、手運用の自動化が実現する。

　次の章では、一般ユーザ用のOktaのユーザインタフェースをカスタマイズする方法について見ていこう。

6章
ユーザインタフェースの
カスタマイズ

　ここまで、主として管理者側の設定とOktaを業界のリーダたらしめた各種機能に着目してきたが、ユーザ利便性が劣悪であれば、せっかくのこうした機能も日の目を見ない。本章ではユーザ利便性に目を向けて、管理者側で行う一般ユーザの利便性向上のための各種設定について俯瞰する。前段として、まずはユーザ側で変更可能な設定について確認する。その後、色やロゴの変更をはじめとする管理者側で行うダッシュボードのカスタマイズ方法を説明し、さらにダッシュボードに関する各種設定についても言及する。続いてメールやSMSなどのOktaから送信するメッセージのカスタマイズ方法について触れた上で、最後にサインインページのカスタマイズ方法と、サインインページに独自のウィジェットを配置する方法を紹介する。本章では、次のトピックに沿って説明を進めていく。

- ユーザ側での設定とカスタマイズの基本
- ダッシュボードとOktaプラグインの設定
- 独自ドメインの設定と独自サインインページの作成

6.1　ユーザ側での設定とカスタマイズの基本

　一般ユーザ向けの設定を変更して利便性を向上させる各種設定について紹介する前に、まずは一般ユーザのダッシュボードと各種設定について見ていこう。以前の章で説明した通り、一般ユーザがダッシュボードを参照すると、利用可能なアプリケーションが表示される。デフォルトではWorkというセクションが存在しているが、独自のセクションを作成してアプリケーションを分類することができる。

　ユーザは、ダッシュボード上でアプリケーションの配置を変更したり、独自のアプリケーション

を追加したり、**SWA** アプリケーションの資格情報を設定したりすることができる。

 現在、Oktaはダッシュボードのユーザインタフェースを刷新中である。本書では原則として新しいダッシュボードについて説明を行うが、必要に応じて従来のダッシュボードについても言及する[1]。

それでは、ダッシュボードについて具体的に見ていこう[2]。

図6-1　一般ユーザのダッシュボード

左側の列には、作成したセクションへのリンクと、**通知（Notifications）** および **アプリの追加（App catalog）** というリンクがある。上部の検索バーからは、必要なアプリケーションを簡単に検索することができる。

従来のダッシュボードを用いている場合、検索バーの右にある名前をクリックすることで、次のように設定（Settings）やサインアウト（Sign out）メニューが表示される。

＊1　［訳注］本書翻訳時点では、2021年10月中旬以降、従来のダッシュボードが利用できなくなる旨のアナウンスが行われている。https://support.okta.com/help/s/article/FAQ-New-Okta-End-User-Experience-Redesign
＊2　［訳注］以降の説明における各種メニューやリンクの名称は、言語を日本語に設定した環境を前提とし、原著（英語環境）における名称はカッコ内に記載している。

図6-2　従来のメニュー表示

　新しいダッシュボードでは若干異なっているが、次のように自身のユーザ名をクリックすることで同様のメニューが表示される。

図6-3　新しいメニュー表示

　設定（Setting）メニューでは、次の設定を行うことができる。

- 個人情報（Personal Information）
- セキュリティイメージ（Security Image）
- 追加認証（Extra Verification）
- 言語を表示する（Display Language）[*3]
- パスワード変更（Change Password）
- パスワードを忘れたときの秘密の質問（Forgotten Password Question）
- 最近使用したアプリ（Recently Used Apps）

個人情報からは、各ユーザが自身の個人情報の参照や変更を行うことができる。変更する場合は

[*3]　［訳注］誤訳であり、「表示言語」のような名称が適切だと思われる。

編集（Edit）をクリックする。設定を変更する際には再認証を求められる場合がある。再認証までの時間は、管理コンソールで**Settings**⇒**Customization**と移動し、**Reauthentication Settings**から変更できる。ただし、設定できるのは5分または15分のいずれかのみである。

　セキュリティイメージでは、次の画面からセキュリティイメージを変更できる。ただし、管理コンソールでセキュリティイメージを無効にしている場合、この画面は表示されない。

図6-4　セキュリティイメージの設定

　「4章　AMFA（Adaptive Multi-Factor Authentication）によるセキュリティ向上」では、MFAの登録方法について説明を行った。一般ユーザ側では、次のセクションからこの設定を行う。

図6-5　多要素認証の設定

　このセクションでは、管理者側でのポリシー設定に基づき、ユーザが登録可能な認証要素のみが表示されている。管理者側でユーザが所属するグループの登録ポリシーを変更して認証要素を追加すると、この画面にもその認証要素が反映される。

　言語を表示するセクションでは、表示言語を変更できる。現在、Oktaは27の言語をサポートしている。サポートしている言語の一覧については、https://help.okta.com/en/prod/Content/Topics/Reference/ref-supported-languages.htmを参照のこと。

図6-6　表示言語の設定

　パスワード変更セクションでは、管理者が設定したポリシーに基づき、一般ユーザがパスワードを変更することができる。

図6-7　パスワード変更セクション

　パスワードを忘れたときの秘密の質問セクションでは、一般ユーザがセキュリティ質問の設定や更新を実施できる。質問と回答を更新したい時は、**編集**をクリックする。

図6-8 秘密の質問

　最近使用したアプリでは、文字通り最近使用したアプリをマイアプリ内の**最近使用した項目**セクションに表示するかどうかを設定する。

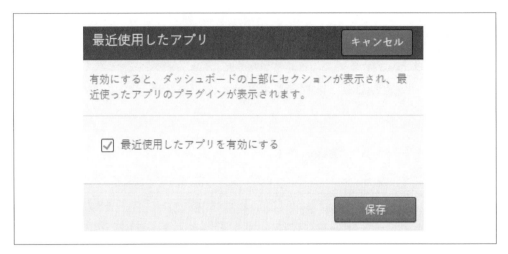

図6-9　最近使用したアプリ

　ここまで一般ユーザ側で変更可能な設定について一通り紹介した。次は管理者側で設定可能な一般ユーザのユーザインタフェースに関する設定について見ていこう。

6.1.1　一般ユーザの画面設定

　一般ユーザがOktaで快適に作業できるようにする上で、管理者が意識すべき重要な設定の1つが画面設定であろう。

　2019年の年末に、Oktaは新しいユーザインタフェースの提供を開始した。新しいユーザインタフェースは、現行から大きく変更となる可能性がある[*4]。

　管理コンソールで**Settings**⇒**Apperance**と移動し、右側にある**Application Theme**から、画面のテーマ変更を行うことができる。

[*4]　［訳注］翻訳版では、原則として新しいインタフェースで画面イメージを再取得し、新旧インタフェースの違いに伴い訳文に不整合が発生した場合は、可能な範囲で新しいユーザインタフェースに併せて訳文の補正を行っている。

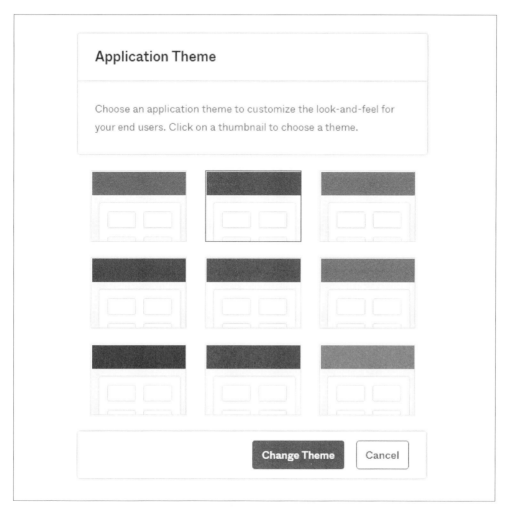

図6-10　テーマの設定

　デフォルトと異なる色合いを選択し、**Change Theme** をクリックすることで設定が適用される。ただし、この設定は従来のダッシュボードでのみ有効である。

　ダッシュボードに表示されるロゴを企業のロゴに変更することもできる。

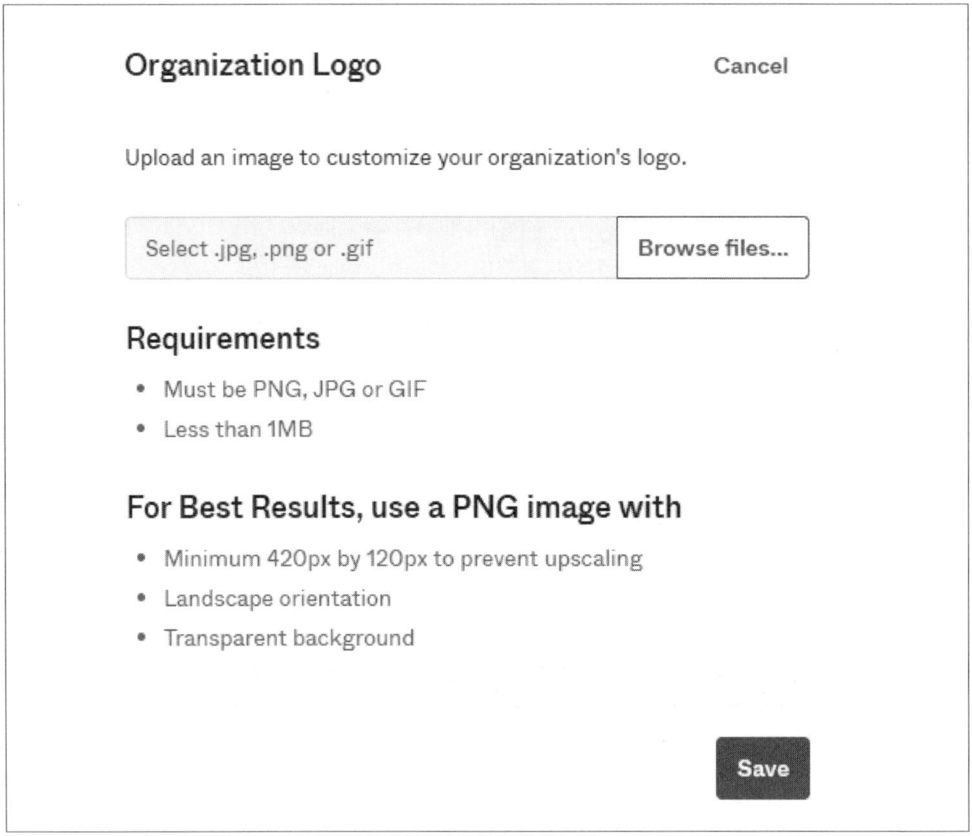

図6-11　Oktaロゴを独自のロゴに置き換える

　独自のロゴを選択して**Save**をクリックすることで、ダッシュボードの左上にあるOktaのロゴが置き換わる。ロゴの画像ファイルは次の要件を満たす必要がある。

- JPG、PNG、GIF形式のいずれかであること
- サイズが3,000×500ピクセル以内であること
- ファイルサイズが1MB未満[*5]であること

　ロゴについては、これ以外にも設定すべき項目がある。**Appearance**の最上部の**Display Options**セクションで次の設定が可能である。

[*5]　［訳注］原文では100KB未満となっているが、訳者が確認した時点では1MB未満となっていた。

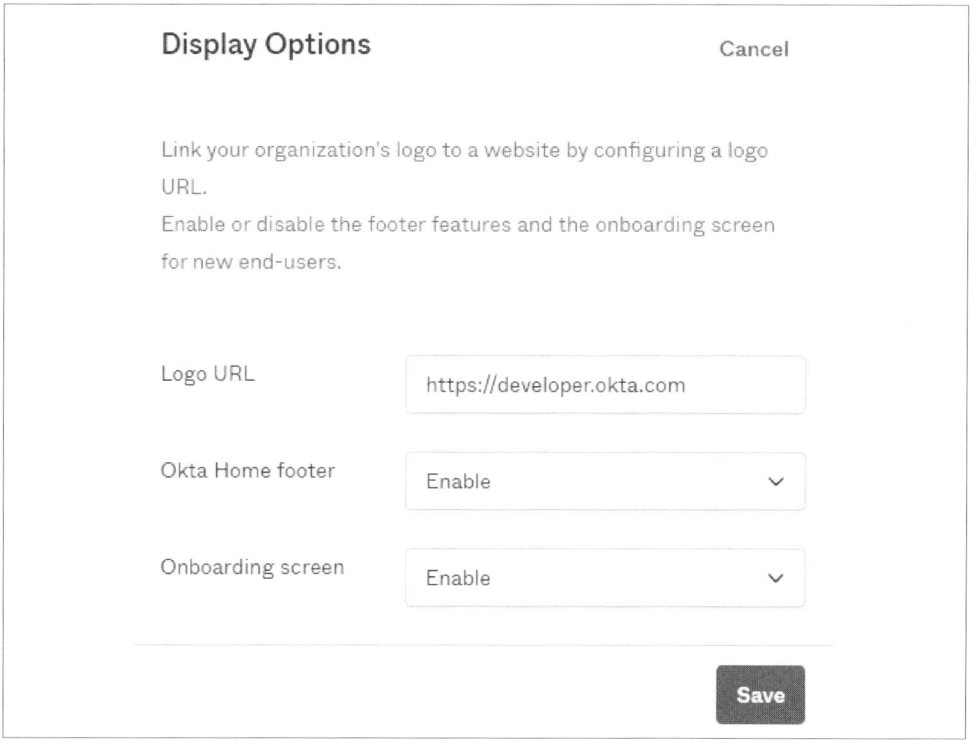

Display Options
Cancel
Link your organization's logo to a website by configuring a logo URL.
Enable or disable the footer features and the onboarding screen for new end-users.
Logo URL
https://developer.okta.com
Okta Home footer
Enable
Onboarding screen
Enable
Save

図6-12　画面設定オプション

各項目は次の通り。

- Logo URL：独自のロゴをクリックした際に遷移するWebサイトのURLを指定できる。
- Okta Home footer：有効にすると、ダッシュボード下部にサポート用のリンクが表示される。
- Onboarding screen：有効にすると、新規ユーザに次のようなポップアップが表示される*6。

初期設定が完了しました
アカウントが作成されました
OK

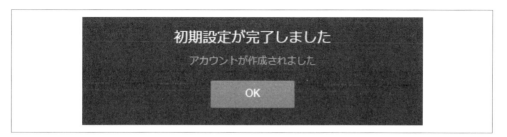

図6-13　新規ユーザに対するポップアップ（従来のユーザインタフェース）

*6　［訳注］訳者が確認した限り、新ユーザインタフェースではこのポップアップは表示されない。

サインイン時の利便性向上のために、サインイン画面の背景画像を設定することができる。**Sign-In Configuration**の**Edit**をクリックすることで、サインインページの背景画像を設定する。

Sign-In Configuration　　　　　　　　　　　　　Cancel

Upload an image to customize your organization's Sign-In Page.

Sign-In Background Image

The image must be a png, jpg, or gif file, and be less than 2MB in size.

| | Browse |

| Upload Image | Use Default |

Save

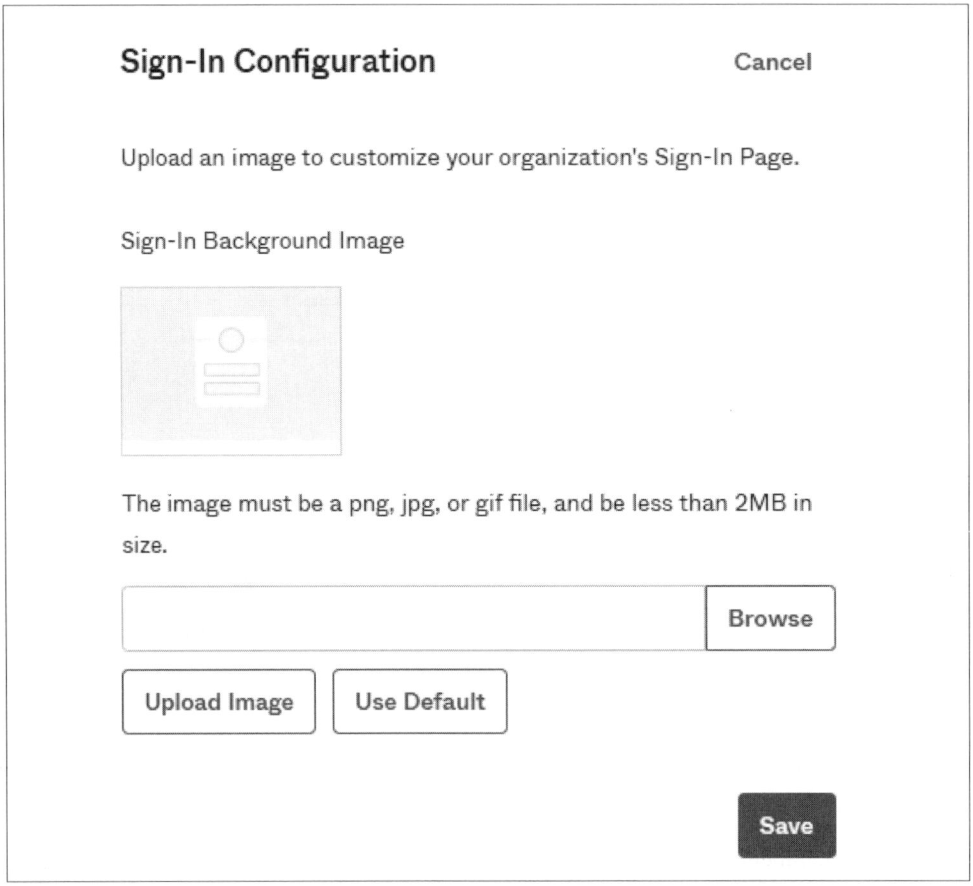

図6-14　Sign-In Configuration画面

画像ファイルは次の要件に準拠している必要がある。

- JPN、PNG、GIF形式のいずれかであること
- ファイルサイズが2MB未満であること

Settings⇒**Customization**から、サインインページについての各種設定を行うことができる。

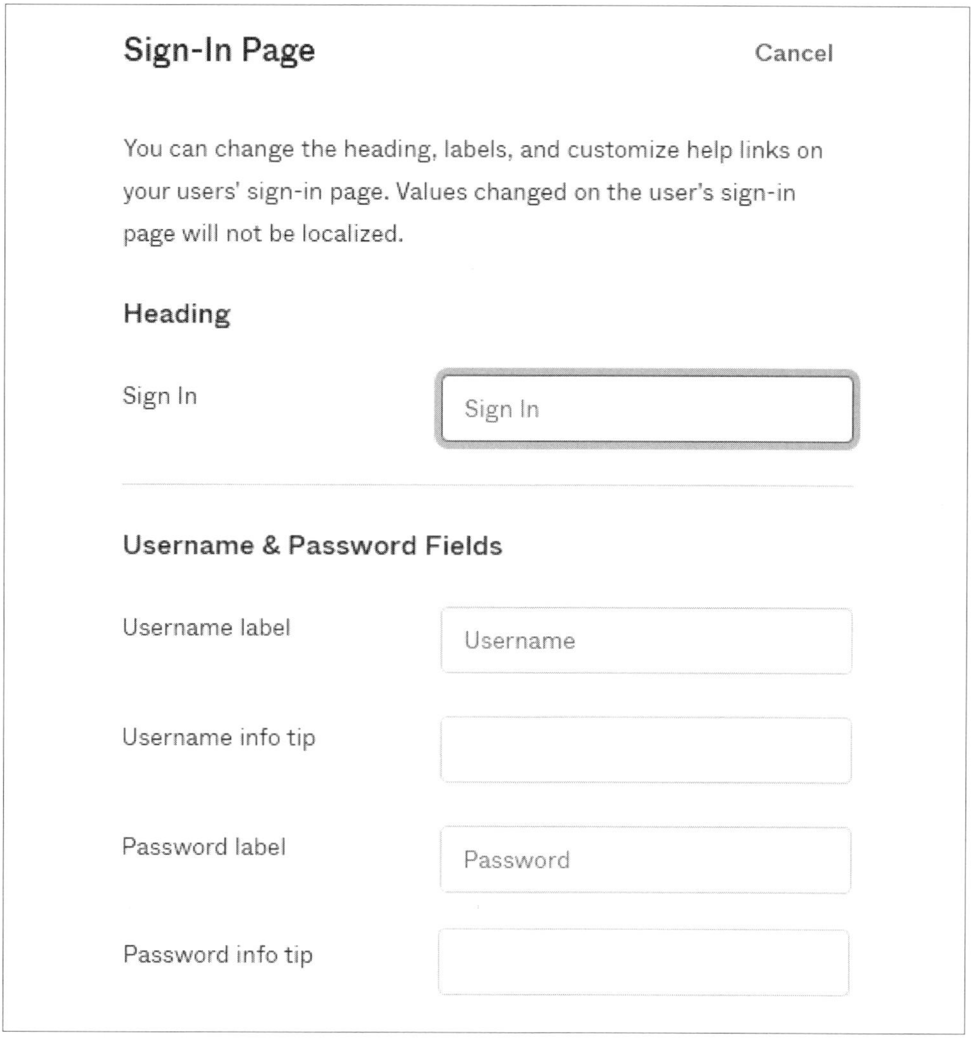

Sign-In Page

Cancel

You can change the heading, labels, and customize help links on your users' sign-in page. Values changed on the user's sign-in page will not be localized.

Heading

Sign In

```
Sign In
```

Username & Password Fields

Username label

```
Username
```

Username info tip

```

```

Password label

```
Password
```

Password info tip

```

```

図6-15　サインインページの設定オプション

　ここではサインインページの各種表示名を含め、いくつかの設定を行うことができる。さらに、ヘルプ情報のリンクや表示名についても設定を行うことが可能である。独自のヘルプサイトへのリンクを追加することも可能である。

　次の節では、サインイン後のエンドユーザの利便性を高めるための設定について見ていこう。

6.2　ダッシュボードとOktaプラグインの設定

ここまで、サインイン時の利便性を高めるための設定を俯瞰した。引き続き、Oktaを利用する上での利便性を向上させる設定について見ていこう。

6.2.1　ダッシュボードに関する管理者側の設定

Settings⇒Customizationから、様々なカスタマイズ設定を行うことができる。設定のいくつかについては、一般ユーザがダッシュボードの**設定**から個人の設定を変更することもできる。設定は次のようにカテゴリごとに別のタブとなっている。

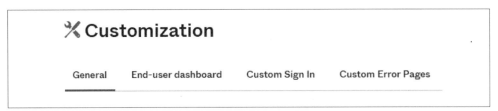

図6-16　カスタマイズ設定のカテゴリ

次のタブが存在する。

- General
- End-user dashboard
- Custom Sign In
- Custom Error Pages

ここでは、最初の2つについて説明する。まずはGeneralについて見ていこう。

User Accountセクションでは、一般ユーザが個人情報やパスワード変更をOktaで変更可能とするか否かを制御する。これらの情報が外部のアプリケーションで管理されている場合は、次の画面からエンドユーザ向けの設定画面に表示される説明文を設定できる。

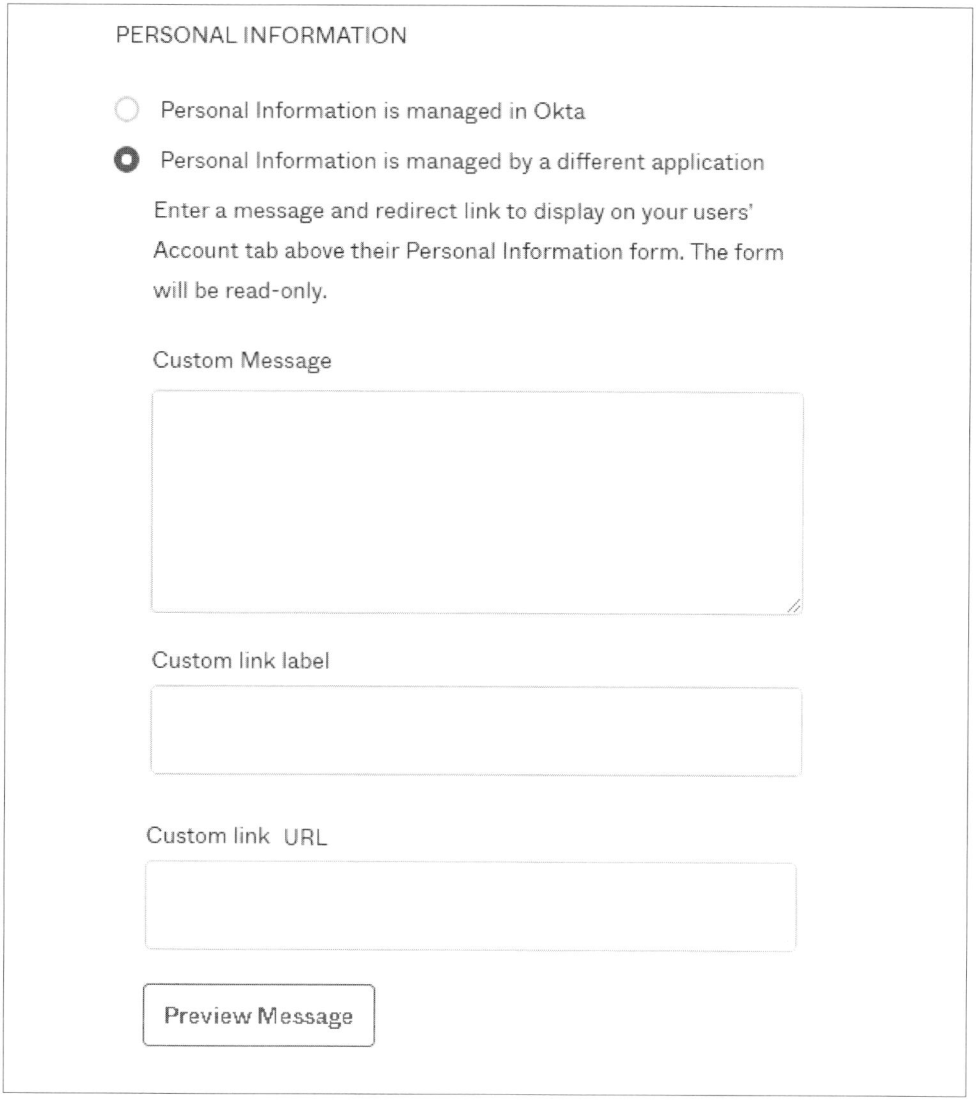

PERSONAL INFORMATION

○　Personal Information is managed in Okta

◉　Personal Information is managed by a different application

Enter a message and redirect link to display on your users'
Account tab above their Personal Information form. The form
will be read-only.

Custom Message

Custom link label

Custom link　URL

Preview Message

図6-17　個人情報の制御に関する設定

　一般ユーザ向けに、個人情報を管理しているアプリケーションに関する情報やURLを設定することができる。HRアプリケーションが情報源となっている場合も多いだろう。パスワード管理についても同様の設定を行うことができる。

　Optional User Account Fieldセクションでは、一般ユーザによるSecondary emailやセキュリティイメージの変更を許可するか否かを制御できる。

　Okta User Communicationsでは、Oktaが各ユーザからOktaの利便性に関する情報を収集するこ

とを許可するか否かを制御する。これを許可しない場合は、ここでオプトアウトの設定を行うことができる。

Custom URL Domain については、次の節で説明する。

Deprovisioning Workflow セクションでは、LCMによって生成されたユーザのアカウントに対するユーザ無効化タスクを有効とするか否かを設定する。

Just in Time Provisioning セクションでは、JITプロビジョニングの有効化、無効化を制御できる。これにより、ADの認証の委任、Desktop SSO、外部のSAML認証などによるユーザの初回サインイン時にユーザを自動的に作成するか否かを制御できる。

Okta Browser plugin セクションでは、一般ユーザがOkta Browserプラグインを自分のPCにインストールすることを許可するか否かを設定できる。インストールを禁止することでプラグインの一元管理が実現する。またOktaツールバーを表示するグループを設定することも可能である。最後の設定では、一般ユーザが別のOkta orgにサインインした際に警告を表示するかどうかを制御できる。

IFrame Embedding セクションでは、Oktaの設定画面のiFrame内表示を許可するか否かを設定する。

一般ユーザのデフォルトの表示言語を英語以外にしたい場合は、右側の列の先頭にあるDisplay Languageセクションで設定を行うことができる。

サインアウトページをOktaのデフォルトから変更したい場合は、Sign-In Pageセクションの次にあるSign-Out PageセクションでURLを指定できる。これにより、サインアウトしたユーザを企業のWebサイトに誘導するといった制御が可能となる。

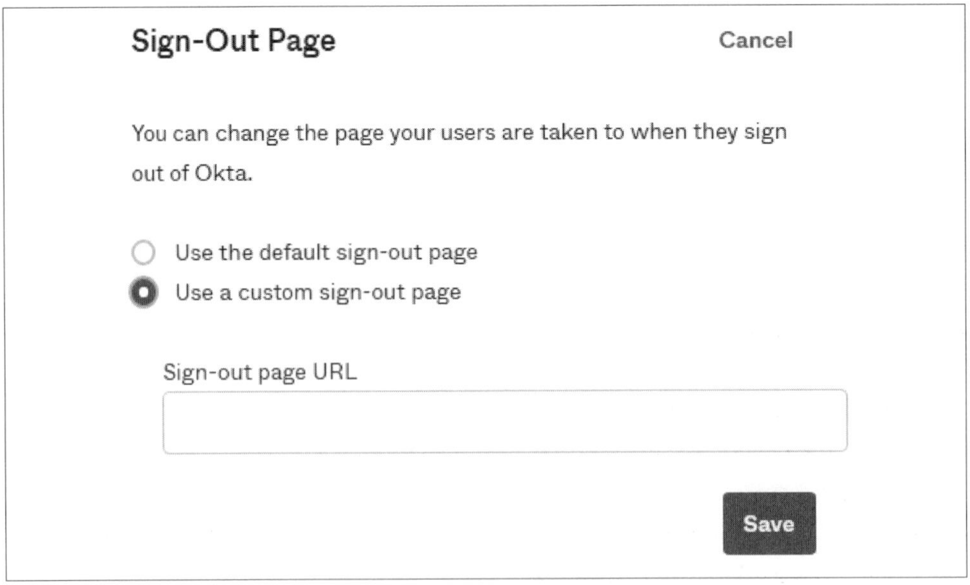

図6-18　サインアウトページのURL設定

　Okta Interstitial Pageセクションでは、Oktaがユーザをアプリケーションにリダイレクトする際に表示するアニメーションを無効化し、代わりにブランクのページを表示させることができる。これはユーザのネットワーク帯域が狭い場合等に有用である。

　Application Access Error Pageセクションでは、ユーザが自身が割り当てられていないアプリケーションにアクセスしようとした際に表示されるエラーページのURLとして、独自のURLを指定することができる。

　Recently Used Appsセクションでは、ユーザがダッシュボードを参照した際に、次のような**最近使用した項目**セクションを表示するかどうかを設定できる。

図6-19　最近使用した項目

　New End-User Experienceセクションでは、新しいユーザインタフェースの使用を強制するか否かの制御を行うことができる。

　ここまでGeneralタブから設定可能な項目について一通り確認した。次はEnd-user dashboardタブから設定可能なダッシュボードの企業共通設定について見ていこう。

図6-20　ダッシュボードの企業共通設定

　プラス記号をクリックすることで新規のタブの作成ができる。設定は全ユーザに適用することも、新規ユーザのみに適用することもできる。新規のタブを追加したら、アプリケーションをドラッグしてタブに追加する。最大4つのタブを追加することが可能であり、デフォルトのWorkタブ

についてはタブ部分をマウスオーバーすると表示されるペンのアイコンをクリックすることで名前を変更できる。

全ユーザに対する適用を選択した場合、既存のユーザには次回サインイン時にダッシュボードの変更が行われる旨の通知が行われる。なお、この設定を行った後で、各ユーザがタブやアイコンを好みに応じて配置しなおすことを管理者側で抑止することはできない。

　この設定は、各ユーザがダッシュボードに対して行った設定をすべて上書きするため、新規ユーザの利便性を高める一方、誤って使用すると既存ユーザの利便性に致命的な影響をもたらす可能性がある点に留意すること。この設定は部署やチーム単位で行うことができないため、ここでの設定は企業の全ユーザに共通する基本的な設定に限定し、各ユーザが自身の用途に応じてカスタマイズしやすくしておくのがよい。

　残りの2つのタブについては、先にカスタムURLドメインを設定しておく必要があるため、次の節でまとめて説明する。ここでは先にOktaブラウザプラグインに関する設定を見ていこう。

6.2.2　Oktaブラウザプラグインの設定

　Oktaブラウザプラグインは、ブラウザの拡張機能として組み込まれたダッシュボード機能であり、Oktaのサイトを経由することなく、アプリケーションへの簡便なアクセスを提供するものである。

図6-21　Oktaブラウザプラグイン

　もう1つの機能として、ユーザの選択機能がある。複数のOkta orgに接続している場合、次の図で赤い丸で囲った人のアイコンから接続先を切り替えることができる。

図6-22　OktaブラウザプラグインにおけるOkta orgの選択

　次の画面からプラグインに関する設定を行うことができる。

図6-23　Oktaブラウザプラグインの設定

次の設定が可能である。

- アプリケーション側のパスワード再設定時に、強力なパスワードを推奨する。
- アプリケーションの資格情報の保存が許可されている場合は、新規アプリケーションの資格情報の保存を促す。これは、ユーザが新規アプリケーションにサインインした際にポップアップ表示で行われる。
- Oktaにサインインした際の資格情報をブラウザ側で保管できないようにする。これにより、Oktaで安全に管理しているアプリケーションの資格情報が、管理外のブラウザ側に漏洩しないようにする。

Oktaブラウザプラグインの**詳細設定**セクションでは、トラブルシューティングやデバッグ用途でプラグインのログをブラウザの開発者コンソールに出力させる設定や、ブラウザが保持するクッキーやキャッシュに起因すると思われる事象を解決するためプラグインの設定を完全にリセットする設定が存在する[7]。

図6-24　Oktaブラウザプラグインの詳細設定

最後になるが、Okta orgの管理者の場合、次の図の丸で囲った箇所にOktaの管理コンソールへの

＊7　［訳注］原著ではこの他にプラグインのJavaScriptではなくローカルのJavaScriptを用いる設定について記述されているが、訳者が確認した限り当該の設定は存在していない。おそらくプラグインのバージョンアップに伴って削除されたものと思われる。

リンクが表示されている筈である。これにより途中の画面をスキップして直接管理コンソールを表
示できる。

図6-25　Oktaブラウザプラグインの管理者ボタン

　プラグインは様々なブラウザで利用できる。最新のプラグインにより、最大の利便性を享受す
るとともにブラウザやOktaが提供する最新機能を利用できるため、プラグインを常に更新してい
くことを推奨する。プラグインの開発状況については、https://help.okta.com/en/prod/Content/
Topics/Apps/Apps_Browser_Plugin.htm を参照してほしい。

6.3　独自ドメインの設定と独自ページの作成

　自社で取得した独自ドメインの利用が求められる状況は多いだろう。本節では、設定方法と利用
方法について説明する。

6.3.1　サインインページのカスタマイズ*8

Okta orgに対して**カスタムURLドメイン**を設定することで、独自ドメインを用いることができ

＊8　［訳注］本機能は独自ドメインの設定や各種Webサイトの構築などの準備が必要なため、本節については実機で
　　の確認は行っていない。

る。これは、アプリケーションへのアクセスにOktaを使用していることをユーザに見せたくない場合や、Oktaへのサインインを行うウィジェットを企業のイントラネットに配置する場合などに有用である。詳細については本節の後半で説明する。カスタムURLドメインは専用のサブドメインに対して設定するため、メインで使用しているドメインが影響を受けることはない。カスタムURLドメインの設定は次の手順に従って行う。

1. 前提条件として、自身のドメイン（login.example.comのようなサブドメインを含む）を所有しており、自身に所有権があることを証明できる必要がある。
2. DNSレコードを更新する。DNS管理者側で設定する必要があるホスト名などの情報については、セットアップウィザードが提示する。DNS管理者側での設定が完了したら、Oktaに戻ってDNSレコードの更新を確認する。
3. TLS証明書、秘密鍵、証明書チェーンの情報を入力する。適切なフィールドにPEM形式の証明書と公開鍵を入力する。BeginとEnd行も含めて入力すること。
4. 最後に独自ドメイン名のCNAMEレコードを作成することで、独自ドメインからOkta orgのFQDNへのエイリアスを追加する。設定はDNS管理者側で行う必要がある。

独自ドメインを設定したら、ユーザに対して新しく設定した独自ドメインを利用するように周知する必要がある。SAMLやWS-Federationで連携しているアプリケーションについては、新しいドメイン名を用いるように設定を更新する必要がある。

独自ドメインを用いたカスタムURLドメインの設定が完了したので、**Settings**⇒**Customization**に戻って、残り2つのタブについて説明しよう。**Custom Sign in**タブではサインインページの見た目をHTMLベースで直接編集できる。設定変更後に**Preview**ボタンを押すことで変更を簡単に確認できる。確認が完了したら**Save and Publish**ボタンをクリックする。デフォルトに戻したい場合は、**Rest to Default**ボタンをクリックする。HTMLベースの編集とは別に、デフォルトのサインインページのラベルやリンクを変更する機能も用意されている。Oktaサインインウィジェットを用いる場合は、利用中のバージョンを確認することもできる。詳細については後述する。

カスタムのサインインページを設定するためには、カスタムURLドメインの設定が必須である。

ここでは先に、**Custom Error Pages**タブについて見ておこう。**Custom Sign-in**と同様、設定にはカスタムURLドメインの設定が必要であり、HTMLベースで編集を行ってプレビュー後に公開するといった流れになっている。

図6-26 Custom Error PagesタブのHTML編集画面

このエラーページが表示されるのは、アプリケーションの設定ミスなどにより致命的なエラーが発生した時のみである。

サインイン画面のカスタマイズを行う別の方法として、Oktaウィジェットを自身でホストする方式がある。この場合、サインインページを自社のイントラネットに配置することで、一般ユーザが見慣れた画面からサインインすることが可能となる。

これを行う上ではウィジェットのインストールが必要である。

サンプルとして様々なコードのスニペットが提供されている。詳細は次のリンクhttps://developer.okta.com/code/javascript/okta_sign-in_widget/を参照してほしい。

ウィジェットのインストール方法としては、次に示す2つのオプションがある。

- Okta CDNへのリンク
- npmのローカルインストール

CDNを用いる場合は、次のコードをHTMLに挿入する。

```
<!-- Latest CDN production Javascript and CSS -->
<script src='https://global.oktacdn.com/okta-signin-widget/4.1.4/js/okta-sign-in.min.js'
        type='text/javascript'></script><link href='https:// global.oktacdn.com/okta-signin-widget/4.1.4/css/okta-sign-in. min.css'
        type='text/css' rel='stylesheet'/>
```

npmを用いる場合は、次のコマンドを実行する。

```
npm install @okta/okta-signin-widget -save
```

詳細については、前述のリンクを参照のこと。

引き続き、「7章 API管理」で説明するCORS（Cross-Origin Resource Sharing）を有効化する必要がある。ウィジェットはオリジン（Origin）をまたがるリクエストを行う必要があるため、アプリケーションのURLを信頼済のオリジンに追加しておく必要がある。設定は次のようにして行う。

1. Security⇒API⇒Trusted Originsと移動する。
2. Add Originをクリックし、Nameフィールドにオリジンの名称を設定する。

3. Origin URLフィールドに、オリジンをまたがったリクエストの送信元となるWebサイトのURLを
設定する。

4. **Type**オプションでCORSをチェックする。

設定が完了したら、**Save**をクリックする。

CORSとOktaについての詳細情報については、https://developer.okta.com/docs/guides/enable-
cors/main/ を参照のこと。

CORSを有効化すると、ウィジェットの利用が可能となる。ウィジェットの初期化には次のコー
ドを利用すること。

```
<
div id = 'widget-container' > < /div> <
script >
    var signIn = new OktaSignIn({
        baseUrl: 'https://${yourOktaDomain}'
    });
signIn.renderEl({
            el: '#widget-container'
        },
        function success(res) {
            if (res.status === 'SUCCESS') {
                console.log('Do something with this sessionToken', res.session.token);
            } else { // The user can be in another authentication state that requires
further action.
                // For more information about these states,
see:
                // https://github.com/okta/okta-signin-widget#rendereloptions-success-
error}
        }
    ); <
    /script>
```

先ほどのリンク先には、様々なユースケースとそれに応じたコードが掲載されている。例えば、
ウィジェット経由でユーザをサインインさせた上で、デフォルトのダッシュボードに遷移させたい
場合は、次のようなコードを用いる。

```
function success(res) { if (res.status === 'SUCCESS') { res.session.setCookieAndRedire
ct('https://${yourOktaDomain}/ app/UserHome'); }}
```

以上で、独自のサインインウィジェットの設置についての基本設定を一通り紹介した。最後の節
は、ユーザに送信される通知のカスタマイズである。

6.3.2　通知テンプレートのカスタマイズ[*9]

　ユーザインタフェースのカスタマイズの最後は、メール通知やSMS通知文面のカスタマイズである。Settings⇒Emails & SMSに行くと、EmailとSMSという2つのタブが存在する。まずはメール側から見ていこう。

　最初は送信元のメールアドレスを設定する。デフォルトではnoreply@okta.comに設定されている。これを例えばITサポートのアドレスに変更したい場合は、メールアドレスをクリックするとポップアップウインドウが表示されるので、ここで設定したいメールアドレスを変更することができる。

　本設定を行う上では、DNS側の設定を変更してSPFレコードを登録する必要がある。メール送信を許可するために具体的に登録する内容は、DNSサービスやシステムによって若干異なるため、次のガイドラインhttps://help.okta.com/en/prod/Content/Topics/Settings/Settings_Configure_A_Custom_Email_Domain.htmを参照してほしい。

　左側の列には、様々な状況下でOktaから送信されるメールの一覧があり、クリックすることでプレビューが可能である。Editをクリックすることで、これらのメールを言語ごとにカスタマイズすることが可能である。

Edit Default Email

The default email template is provided automatically in all Okta-supported languages. If you edit the default template, Okta will not send the default email to end users automatically and you will need to add templates in multiple languages manually.

Language

English (en)

Please select a language from the dropdown menu above

Subject

Welcome to Okta!

Message

```
<div style="background-color:#fafafa;margin:0">
 <table style="font-family:'proxima nova' , 'century gothic', 'arial' , 'verdana', sans-serif;font-
size:14px;color:#5e5e5e;width:98%;max-width:600px;float:none;margin:0 auto" border="0" cellpadding="0" cellspacing="0"
valign="top" align="left">
  <tbody>
   <tr align="middle">
    <td style="padding-top:30px;padding-bottom:32px"><img src="${oktaLogoUrl}" height="37" /></td>
   </tr>
   <tr bgcolor="#ffffff">
    <td>
     <table bgcolor="#ffffff" style="width:100%;font-size:inherit;line-height:20px;padding:32px;border:1px solid;border-
color:#f0f0f0" cellpadding="0">
      <tbody>
       <tr>
```

図6-27　メールテンプレートの編集画面

＊9　［訳注］本機能は有償版でないと機能しないため、本節については実機での確認は行っていない。

ある言語のテンプレートを編集しても、別の言語のテンプレートは更新されない。左側のリストからメールテンプレートを選択すると、次のように当該のメールテンプレートについてカスタマイズを行った言語の一覧が表示される。

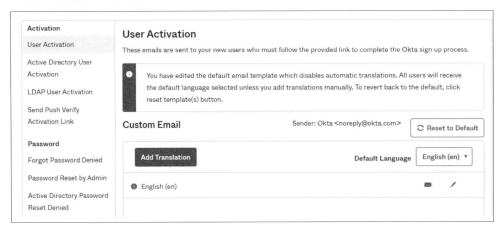

図6-28　メールテンプレートに対して各言語の翻訳を追加する

SMSについても同様のカスタマイズが可能であるが、通知の種類は1種類のみであり、ユーザに対するMFAのSMS認証コードの通知メッセージのみを変更できる。メッセージは159文字以内とする必要がある点に注意。メッセージを編集する場合は、**Actions**の下にあるペンのアイコンをクリックする。メール通知と同様に、通知メッセージを言語ごとに用意することが可能である。

6.4　まとめ

本章では、エンドユーザの利便性向上に着目し、デフォルトの設定について最初に確認した上で、それらを変更するための様々な方法について一覧し、サインインページを企業ごとにカスタマイズする方法について紹介した。エンドユーザ向けのダッシュボードの設定と、エンドユーザ側でのカスタマイズ方法について説明し、さらにOktaブラウザプラグインや、エンドユーザ向けの設定について紹介した。ここまでの設定では不十分な場合について、カスタムURLドメインの設定を行い、独自ドメインを利用する方法や、ウィジェットの活用など関連する設定について説明した。最後に通知テンプレートの修正方法について言及した。

次の章からはOktaの高度な機能の説明に入る。まずはAPIアクセス管理について見ていこう。

第2部

Oktaの高度な機能

第2部では、Oktaの高度な機能であるAPIアクセス管理、Advanced Server Access（ASA）、Okta Access Gateway（OAG）について紹介する。

第2部は、次の章から構成されている。

- 第7章：API管理
- 第8章：Advanced Server Accessによるサーバ管理
- 第9章：オンプレミスアプリケーションとOkta Access Gatewayの活用

7章
API管理

ここまで、Oktaの基本的な機能について紹介してきたが、ユーザにアクセス権を付与する際の対象はアプリケーションを前提としてきた。本章ではより高度な機能としてOktaのAPI管理と外部のアプリケーションからAPIに接続する方法について紹介する。本機能はすべての企業が必要とするものではないが、必要とする企業にとっては、Oktaの機能を最大限活用する可能性を与えうるものである。

本章では、次のトピックについて順に見ていこう。

- API関連用語
- APIによるOktaの管理
- API Access Managementの基礎
- API Access Managementの設定

7.1　API関連用語

まずは、本章を読み進めていき、API自身やAPIアクセスの管理について理解を深めていく上で、知っておくべき用語について説明する。

- **APIプロダクト**：いくつかのAPIエンドポイントを有するアプリケーション。エンドポイントは様々な要件に対応可能だが、ユーザやサービスのアクセス権を確認する際には、同一の認可サーバを参照する。これは、IDトークンを用いてOpenID Connectによる認証を行うサービスでもある。
- **API**：要求種別と許可されたアクセス権に基づき、システム間でデータを交換したり、共有したりするためのエンドポイント。
- **認可サーバ**：認可サーバ（Authorization server）はOAuth 2.0の中核機能の1つであり、Okta

のスコープ、クレーム、アクセスポリシーを駆使してアクセス制御を実現する。認可サーバを Okta で作成する際は、通常 API プロダクト単位、すなわちエンドポイントごとではなく利用用途ごとに作成することが多い。

- **スコープ**：スコープは API エンドポイント経由で実行可能な操作（権限）を規定するものである。これはアプリケーション側で定義されており、認可サーバからのクレームとポリシーを含むリクエストによってスコープに対するアクセスが要求される。
- **クレーム**：クレームは、ユーザがアプリケーション内で何かを行うための要求を認可するために用いる情報である。一般的に、クレームは認証に用いる ID トークンには格納されず、スコープとポリシーに基づき、認可サーバによって生成されるアクセストークン内に格納される。クレームには汎用的なものと API エンドポイント固有のものがあり、汎用的なものには例えば email、name、role といったものがある。固有のクレームについては、例えば独自のプロファイル情報やグループ割り当て情報といったものが考えられる。ID トークン、アクセストークンのいずれに付加することも可能である。
- **トークン**：トークンには ID トークンとアクセストークンがある。ID トークンは、ユーザ情報が格納され、OpenID Connect を用いてシステムにアクセスしたり認証したりする際に用いられる。アクセストークンは動的に生成されるもので、スコープに基づき、リソースに対するアクセス権を取得する際に用いられる。
- **ペイロード**：この情報は、API 呼び出しの際に送付され、受信したサーバに対して、要求されたアクションに対する追加の情報を提供するものである。

それでは、API と Okta を活用して何が実現できるかについて見ていこう。

7.2　API による Okta の管理

API を利用する場面は増えつつあり、業務を遂行する上でなくてはならないものとなっている。多くの組織において、API はシステム間のデータ共有、転送、移動、読み取り、変更、削除などに用いられている。

まずは API とは何か、また Okta の機能として必要とされているのは何故かについて見ていこう。かつては、Web プログラムが Web サーバ上で動いており、Web ブラウザはサーバから送信された HTML を表示するだけだった。一方、近年はスマホアプリや単一ページのアプリがコードをデバイス上やクライアント上で実行し、通常 API 経由でバックエンドのサービスに接続している。これらのアプリとサービス間で行われている API を介した小規模な処理は、マイクロサービスと呼ばれている。

こうした新しい形のアプリケーションが普及するにつれ、API 管理の重要性が高まってきている。別のアプリケーションがもたらす情報を活用できれば、自身で情報を収集し、格納し、管理する必

要がなくなる。これは、アプリケーション開発者にとって非常に有益である。こうしたAPI連携を行うことで、アプリケーションは必要なデータの受信や送信が可能となるが、一方でユーザに何を許可し、何を許可しないかの制御も併せて必要となってくる。ここまで説明してきた通り、OktaはAPI-firstストラテジを謳っている*1。これは、各種管理作業のほぼすべてを、拡張を続けるOktaのAPIで行えるようにするという宣言に他ならない。

OktaのAPIを活用することで、外部のシステムからOktaを管理したり、Okta org内のデータの読み取り、変更、更新を行うことが可能となる。

OktaのAPIについての詳細については、https://developer.okta.com/docs/reference/を参照のこと。

次の節では、Okta固有のAPIを用いる方法について見ていこう。

7.2.1 Okta固有のAPIの活用

Okta固有のAPIを用いることで、Oktaにおける多くの手作業を自動化することが可能となり、適切なAPIを呼び出すだけで作業が完了するようになる。管理コンソールからの繰り返し作業が非常に苦痛な場合もあろう。Okta APIを活用することで、この苦痛を解消することができる。

7.2.1.1 Okta APIの利用準備

Okta APIはPythonやPHPをはじめとする多数の言語をサポートしている。これらの言語に詳しくない場合は、**Postman**というソフトウェアを用いることで、API呼び出しがどのように行われるかを確認することもできる。Postmanは誰でも利用できるローコード開発のツールであるが、API呼び出しのテスト用途でも使われる。Postman自体の機能やインストールについての詳細は、www.postman.comを参照してほしい。Oktaの開発者サイトからcollectionsのページに行き、提供されているcollectionsをインポートすることができる。

Oktaは利用可能なAPIすべてを利便性の高いPostman collectionsの形で提供している。これは、https://developer.okta.com/docs/reference/postman-collections/から入手可能で、Postmanに簡単にインポートすることができる。

Okta APIは多数の言語で利用できるため、本書ですべてを網羅することは難しい。本章での例はcurlで記述する。

---

*1 ［訳注］訳者が確認した限り、API-firstという用語を用いているのはこの箇所だけである。また、OktaのWebサイトなどでも特にAPI-firstという言葉は出てこない。

引き続き、APIを用いる方法を紹介する。OktaのAPIエンドポイントはアクションを許可する際にトークンを用いる。

7.2.1.2　トークン

Okta APIに対するリクエストを認証するためにはAPIトークンが用いられる。管理者のみがトークンを発行できる。これらのトークンの権限は管理者が有する権限に基づいている。

サービスアカウントにトークンを生成させることで、想定外の権限がトークンに付与されることを避けられる。

トークンの有効期限は30日であるが、APIリクエストに用いられる度に有効期限が更新される。トークンが30日の間使用されなかった場合、そのトークンを用いることはできなくなる。トークンを生成した管理者ユーザが無効化された場合は、トークンも無効化される。この場合、アカウントが再度有効化されるとトークンも復活する。

Security⇒APIに移動し、さらにTokensタブに移動することでトークンの一覧を確認できる。トークン名の左にあるインジケータの色で、トークンの状態を確認できる。インジケータ上をマウスオーバーすることで、トークンの状態に関する情報を参照できる。

- **緑色**：トークンは直近3日以内に使用実績がある。
- **灰色**：トークンは直近3日以内の使用実績がないが、有効期限切れまで7日以上残している。
- **赤色**：トークンの有効期限切れまで7日を切っている。
- **黄色**：トークンの状態が不明（suspicious）になっている。

通常、「不明」状態のトークンはエージェントに割り当てられていない。トークンをクリックすることで、割り当てられているエージェントを確認できる。例えば、ADとの連携に用いられているADエージェントは、OktaのUDとUD内にあるユーザやグループを管理するために独自のトークンを有している。

新しいトークンを生成する際は、Create Tokenボタンをクリックし、表示された画面からトークン名を入力するだけでよい。適切なトークン名を付与すること。次に表示される画面で、トークンの値を確認できる。

トークンの値は必ずトークン作成時にコピーしておくこと。トークンの値はハッシュ化されて格納され、値を後から確認することはできない。

　値をコピーしたら、それをOktaと接続するサービスで利用することができる。**Ok, got it!**をクリックして、設定を完了しよう。

　多数のトークンを使い分ける場合は、左のメニューから種別ごとにフィルタを行うことができる。トークンを無効化する場合は、トークン名の右にあるゴミ箱アイコンをクリックすればよい。

　以上、トークンの作成について説明した。次からはトークンを利用して、実際にOkta APIを呼び出す方法について説明しよう。

7.2.1.3　Okta APIの実行例

　Okta APIを活用する上では、APIの利用に関する基本的な認識があることが望ましい。次の例で利用イメージを描いてみよう。

　とある企業の管理者が、いくつかのグループを急ぎ追加する必要が発生し、Okta APIの利用を検討することとなった。APIを用いることで、管理者はブラウザでの操作なしにグループの追加を行うことができる。

　管理者は、グループの名前（name）と説明（description）を設定してAPIリクエストを送信し、Oktaはレスポンスを返却する。問題がなければ、グループが作成され、Oktaの管理コンソール上のグループ一覧から確認できる。

　管理者が送信したAPI呼び出しは次のようなものとなる。

```
curl -v -X POST \-H "Accept: application/json" \-H "Content-Type: application/json"
\-H "Authorization: SSWS ${api_token}" \-d '{
  "profile": {
    "name": "West Coast Users",
    "description": "All Users West of The Rockies"
            }
    }'
  "https://${yourOktaDomain}/api/v1/groups"
```

　コマンドラインの先頭部分では、API呼び出しが正しく受け付けられるようにするため、-Hオプションにより適切なヘッダを設定する。その後の部分で、実際のグループ作成と、作成の際に用いる詳細情報の設定を行う。

Okta APIを用いる上で必要な各要素の概要や基本的な使い方については、https://developer.okta.com/docs/reference/api-overview/を参照のこと。

　レスポンスが返却されると完了となる。レスポンスの前半部分には、作成されたグループのIDとOktaが返却する標準的な情報が含まれる。これにはnameとdescriptionを含むグループのプロファイル情報が含まれる。

```
{
  "id": "00g1emaKYZTWRYYRRTSK",
  "created": "2015-02-06T10:11:28.000Z",
  "lastUpdated": "2015-10-05T19:16:43.000Z",
  "lastMembershipUpdated": "2015-11-28T19:15:32.000Z",
  "objectClass": [ "okta:user_group" ],
  "type": "OKTA_GROUP",
  "profile": {
    "name": "West Coast Users",
    "description": "All Users West of The Rockies"
  },
```

レスポンスの後半部分には、管理者が後ほど作成されたグループを操作するためのAPI呼び出しを行う上で必要となるいくつかのリンクが含まれる。

```
"_links": {
  "logo": [ {
    "name": "medium",
      "href": "https://${yourOktaDomain}/img/logos/groups/ oktamedium.png",
        "type": "image/png"
  },
  {
    "name": "large",
      "href": "https://${yourOktaDomain}/img/logos/groups/okta-large.png",
        "type": "image/png"
  }
  ],
  "users": {
    "href": "https://${yourOktaDomain}/api/v1/ groups/00g1emaKYZTWRYYRRTSK/users"
  },
  "apps": {
    "href": "https://${yourOktaDomain}/api/v1/ groups/00g1emaKYZTWRYYRRTSK/apps"
  }
  }
}
```

OktaからのレスポンスはリクエストやAPIの種別によって異なるが、今後のAPI呼び出しに必要となる情報や現在の状態についての情報を返却するという点は共通である。

　引き続き、基本的な属性を指定して新規ユーザを作成した上で、先ほど追加したグループに所属させてみよう。API呼び出しは次のようになる。

```
curl -v -X POST \-H "Accept: application/json" \-H "Content-
Type: application/json" \-H "Authorization: SSWS ${api_ token}" \-d '{
  "profile": {
    "firstName": "Isaac",
    "lastName": "Brock",
    "email": "isaac.brock@example.com",
    "login": "isaac.brock@example.com"
  },
  "groupIds": ["00g1emaKYZTWRYYRRTSK"]
  }'
```

```
https://${yourOktaDomain}/api/v1/users?activate=true
```

　ここは、先ほどと同様のヘッダの設定を行った上で、最低限必要な属性値を設定してユーザを作成するとともに、ユーザを先ほど作成したグループに所属させている。最後にユーザの有効化を行うURLを送信することで、作成したユーザを有効化している。

　返却されるレスポンスには、作成されたユーザの情報が含まれる。

```
{
  "id": "00ub0oNGTSWTBKOLGLNR",
  "status": "STAGED",
  "created": "2013-07-02T21:36:25.344Z",
  "activated": null,
  "statusChanged": null,
  "lastLogin": null,
  "lastUpdated": "2013-07-02T21:36:25.344Z",
  "passwordChanged": null,
  "profile": {
    "firstName": "Isaac",
    "lastName": "Brock",
    "email": "isaac.brock@example.com",
    "login": "isaac.brock@example.com",
    "mobilePhone": "555-415-1337"
  },
  "credentials": {
    "provider": {
      "type": "OKTA",
      "name": "OKTA"
    }
  },
}
```

　レスポンスの後半部分には、先ほどと同様に、ユーザの操作や情報に関するリンクが含まれる。

```
"_links": {
        "schema": {
            "href": "${yourOktaDomain}/api/v1/meta/schemas/ user/oscuxbnkcNLVXoum3356"
        },
        "activate": {
            "href": "${yourOktaDomain}/api/v1/ users/00u5tiakg9PsvboKz357/lifecycle/
activate",
            "method": "POST"
        },
        "self": {
            "href": "${yourOktaDomain}/api/v1/ users/00u5tiakg9PsvboKz357"
        },
        "type": {
            "href": "${yourOktaDomain}/api/v1/meta/types/user/ otyuxbnkcNLVXoum3356"
        }
    }
}
```

　これらのAPIを活用することで、手運用による繰り返し作業を削減し、自動化を促進することができる。

> Oktaの開発者サイトで、利用可能なすべてのAPIについての詳細なドキュメントが公開されている。詳細については、https://developer.okta.com/docs/reference/を参照してほしい。

　引き続き、トークンを作成してAPIを活用する方法について見ていこう。

7.2.1.4　信頼済オリジン

　Okta APIの管理や操作を外部のインタフェースから行う場合は、信頼済オリジンの設定を行う必要がある。同様に、外部のWebページ上にOktaのサインインウィジェットを配置する場合は、**CORS（オリジン間リソース共有）** の設定も必要である。サインインウィジェットのカスタマイズに関する詳細については、https://developer.okta.com/code/javascript/okta_sign-in_widget/を参照してほしい。

　CORSにより、スクリプトが存在するドメインとは別のドメインからのAJAXコールが許可される。Webブラウザでは、Same Origin Policy（同一オリジンポリシー）（https://developer.mozilla.org/en-US/docs/Web/Security/Same-origin_policy）により、この操作が禁止されている。これにより、別のWebサイトに格納されているクッキーへのアクセスが禁止され、悪意を持った行為が抑止される。もっとも、このポリシーでは、プロトコル、ドメイン、ポートの組合せが同一かどうかで判別を行うので、時には正当な理由でこのポリシーに抵触する操作が必要な場合もあろう。例えば、https://myshop.com に対して https://api.myshop.com をAPI操作で用いるといった場合である。Same Origin Policyに基づくと、両者で通信を行うことはできない。

　CORSを定義しない限り、このようにブラウザやサーバはオリジンを越えるリクエストを処理できない。CORSを用いることで、独自のWebページ上にOktaのサインインウィジェットを配置した上で、Oktaと通信することが可能となる。

　CORSの設定方法について見ていこう。

　オリジン間でWebリクエストやリダイレクトを行う際は、それらをホワイトリスト化しておく必要がある。具体的には、信頼済オリジンとして、ページのURLスキーム、ホスト名、ポート番号の組合せを登録する。設定について見ていこう。**Security**⇒**API**と移動し、**Trusted Origins**タブをクリックすると次の画面が表示される。

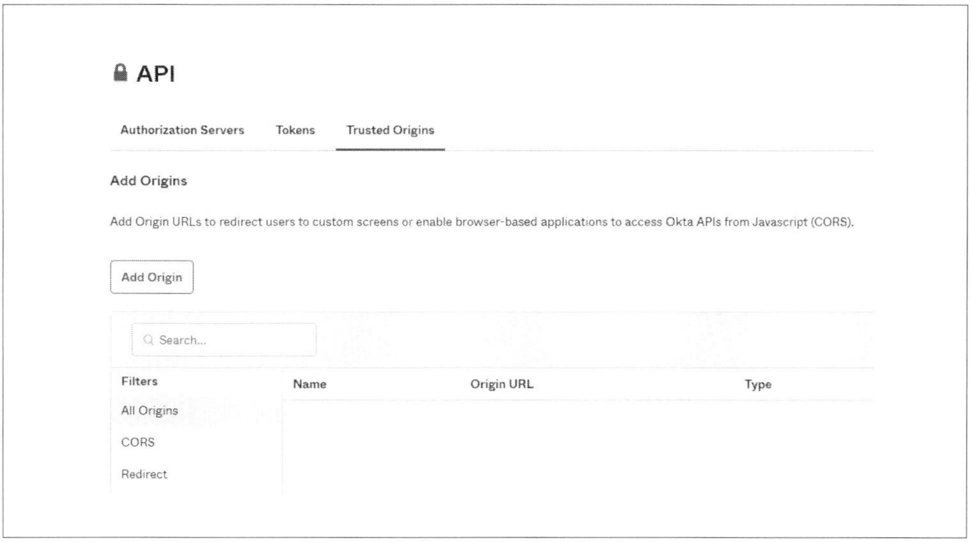

図7-1　Trusted Origins タブ

引き続き、**Add Origin** をクリックすると、次の画面が表示される。

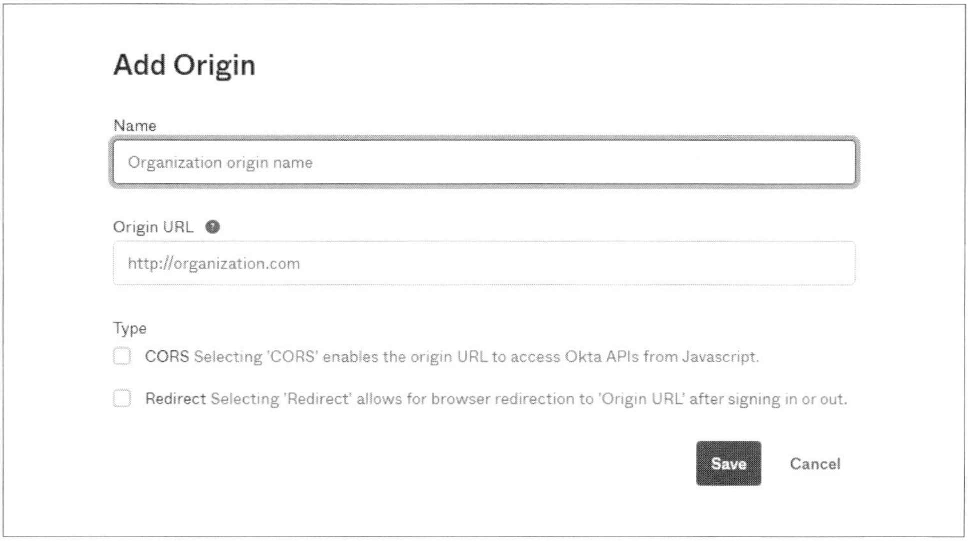

図7-2　信頼済オリジンの設定画面

ここで、信頼済オリジンの追加に必要な情報を入力する。

1. 信頼済オリジンの名前
2. Okta APIがアクセスするURLもしくはリダイレクト先の独自ページのURL
3. **CORS**もしくは**Redirect**のいずれを許可するか。

CORSとリダイレクト（Redirect）の違いは次の通りである。

- **CORS**：XMLHttpRequestがWebサイト上のJavaScriptからOktaセッションクッキーを用いてOkta APIに送信される。
- **Redirect**：サインインもしくはサインアウト時に、ブラウザによる信頼された外部Webサイトへのリダイレクト処理を許可する。

Saveをクリックして設定を完了する。

個々の環境へCORSを設定する上での詳細情報については、https://developer.mozilla.org/en-US/docs/Web/HTTP/CORSを参照のこと。

7.2.2　レート制限（Rate Limit）

一定時間内に許可されるAPIコール数の上限を意味するものとして、レート制限という概念が存在する。これはOktaサービスを保護するためのものであり、SaaSでは一般的な機能である。レートについては次の3つの単位で設定されている[*2]。

- Okta org単位
- 同時接続数
- Oktaが生成するメール数

各設定ごとのレート制限の値については、https://developer.okta.com/docs/reference/rate-limits/ を参照のこと。

ここまでOkta APIについて簡単に説明した。語るべきことは多く、すべてを語り尽くすことはできないため、https://developer.okta.comで開発者登録を行うことを強く推奨する。提供されているチュートリアルやベストプラクティスを参照することで、Okta APIを活用する最善の方法を迅速に習得することが可能となる。引き続きOkta製品の1つであるAPI Access Managementについて説明しよう。

[*2]　［訳注］https://developer.okta.com/docs/reference/rate-limits/ を参照する限り、この3種類以外にも各種のレート制限が実装されている。詳細はWebページを参照してほしい。

7.3 API Access Managementの基礎

APIを活用することで、業務の自動化やプログラム化が実現する。多くの場合、APIはユーザが自身の業務を自動化したり、単純作業を削減したりするために用いられる。API経由で様々なアプリケーションと連携することで、ユーザ視点では、突如として様々なアプリケーションからデータが提供されるようになり、アプリケーションとやりとりしながらデータを必要に応じて加工できるようになる。

一方、開発者やIT部門では、従業員の業務をサポートするための独自サービスやアプリケーションの検討を行っていることだろう。こうしたアプリケーションを開発するに際しては、通常データを収集し、統合するためのAPIが必要となる。

企業のビジネスモデルがサービスやWeb製品の開発である場合は、APIを用いて別のアプリケーション、パートナ企業、システムに接続できるようにすることで、ビジネスの拡大が見込まれる。

これらの用途ごとに、異なる要件、対応、管理が必要となる。

Oktaの定義（https://www.okta.com/resources/whitepaper/api-security-from-concepts-to-components/）では、APIのセキュリティの管理レベルは5段階に分けられる。

7.3.1 レベル1：セキュリティなし状態

まずは、本節で説明するOktaの機能が必要とされる背景についての理解から始めるのが良いだろう。データの提供を行っているが、セキュリティが考慮されていないといった状態は問題があるかも知れないが、サービス開始時にはよくある状況である。開発者が、例えば営業チームの要請に基づいていくつかの情報源からの情報を集約するようなアプリケーションの開発を行ったところ、これがパートナーと共有するツールに変化し、さらには広く公開されるサービスへと発展していったという状況を考えてみよう。当初、社内向けという前提でAPIを実装していたとしても、アプリケーションを広く公開するようになると、間違いなく、こうしたAPIに対するアクセスが発生する。Oktaはこの状態をセキュリティなし状態と呼んでいる。アプリケーション内に秘密のAPIが存在するという状態は、一見攻撃者を避けるための適切な方策に見えるかもしれないが、見つかってしまった瞬間、悪意を持った者が簡単に弱点を見つけて内部に侵入し、情報を拾い上げてしまうだろう。

7.3.2 レベル2：API鍵の利用

API鍵はセキュアなアクセスを実現し、アクセス権に基づく制御を可能とする方式として広く用いられている。開発者がAPI鍵を作成して必要な権限を付与することで、作成した鍵に付与されたアクセス権によるセキュアなアクセスに基づく、必要な業務の円滑な実施が実現する。これはレベル1のセキュリティなし状態と比べると顕著に改善された状態ではあるが、依然として問題をはら

んでいる。

　なぜこれが高セキュリティと言えないのか？　鍵に外部からアクセス可能なアクセス権が付与されており、ユーザが不幸にして必要以上の権限を保持していた場合を想像してほしい。鍵自身はセキュアかも知れないが、これが複数のサービスで使用される状況を考えてみると、単一の鍵に対してともすると過剰なアクセス権が付与され、広範囲からのアクセスが許可されてしまう。

　複数アプリケーション間で鍵を共用していると、共用しているシステム数が多くなるにつれて鍵のローテーションや更新が困難になり、鍵の変更が実質的に不可能となってくる。また、メンバの離脱や、公開ネットワーク経由での鍵の送信などにより、鍵が悪意を持った者の手に渡ってしまうと致命的な問題が発生する。ある鍵の使用を特定の目的に限定したとしても、開発者が誤用する可能性は払拭できず、企業として、高セキュリティ状態の維持を担保できない。

7.3.3　レベル3：OAuth 2.0

　OAuth 2.0トークンにより、ユーザが開発したAPIに対する詳細なアクセス権の制御が可能となる。OAuth 2.0トークンはトークンのユーザに許可されるアクセス権を設定するために用いられる。トークンには有効期限を示す日時と時間も設定される。これにより、ログ出力システムに対する単純な読み取りリクエストについては、トークンに読み取り権限のみを設定した上で有効期限を長めに設定するが、CRMシステムの情報を更新したり削除したりするサービスについては、最低限必要な書き込み権限を付与した上で、過剰な利用を避けるために短めの有効期間を設定するといったことが可能となる。

　スコープの概念を導入することで、トークンは設定されたスコープに対する権限のみを保持することとなる。これにより、トークンを作成した管理者が有する権限が引き継がれてしまうといったことがなくなり、過剰なアクセス権の付与が避けられる。また。トークンは一定期間で失効するため、攻撃者がシステムに侵入してデータを抜き出す上での時間的猶予も低減される。有効期限切れとなった瞬間に、攻撃者はシステムへのアクセス権を失い、ユーザの認証に介入することもできなくなる。

7.3.4　レベル4：APIゲートウェイ

　APIゲートウェイは、あるAPIを企業内で利用可能な別のAPIと接続させるための優れた機構である。APIゲートウェイにより、企業活動における様々な領域の利便性が向上する。ITアーキテクトは誰が何に対してどのようにアクセスできるかを、より詳細に制御できる。開発者は様々なマイクロサービスに簡単に接続できるようになり、APIの管理をゲートウェイに委任できる。APIゲートウェイにより、ポリシーの強制、ログ出力、監査などが簡便に実現する。これをAPIのハブと呼ぶこともできよう。各APIを相互接続させる代わりにハブ経由で連携させることができる。これによりAPI間の連携アーキテクチャがスパゲッティ化することを抑止し、蜘蛛の巣のように整然と管理

できるようになる。

　多くの場合、APIゲートウェイのベンダはAPI鍵を作成し、そのローテーションを行うツールを提供している。一部は簡単なユーザプロファイルを用いたOAuth 2.0の機能を持っていることもある。これにより、開発者はAPI鍵をセキュアに管理し、必要な場合にローテーションさせることが可能となり、ユーザは適切なスコープを指定することで必要とするサービスに適切にアクセスすることが可能となる。

　なお、APIゲートウェイは独自のユーザディレクトリと管理を行う外部サービスであり、企業内のコンテキストやアクセス権に基づくユーザ状況を網羅的に提供するものではない。

 OktaはAPIゲートウェイの活用に関して様々な情報を提供している。https://developer.okta.com/books/api-security/gateways/ から電子書籍をダウンロードの上参照してほしい。

7.3.5　レベル5：APIゲートウェイとAPI Access Management

　これこそがOktaが考える理想像である。APIゲートウェイと併用することで、Oktaはセキュアにユーザを管理し、認証を行い、認証時点でのユーザのコンテキストに基づき、認可を行うことができる。

　APIゲートウェイにおいては、ユーザを信頼するか否かを制御する。Oktaへ接続を行う際に詳細な情報を付加することで、ポリシーやアクセス権で許可された範囲で、ユーザが必要な作業を実施可能とする制御を実現する。

　もっとも、すべての企業がAPIゲートウェイを有しているわけではない。その場合でも、OktaのAPI Access Managementを用いることで、OAuth 2.0やOIDCを用いてアプリケーションに接続した際に、「2章　UD（Universal Directory）の活用」で記述したOktaのUD機能を用いた制御が可能である。アクセス制御に、ゾーンやグループといった状態情報を活用することも可能である。こうした機能はすべてOktaで実現されており、APIゲートウェイを必要とはしない。

　API Access Managementには様々なメリットがある。

- Okta上に独自の認可サーバを構築できる。これにより、様々なアプリに対し、様々な用途に応じたAPIエンドポイントの設定と管理が管理となる。
- 独自のスコープやクレームを定義し、それをユーザプロファイルに対応づけることができる。
- OAuthにより、資格情報の代わりにトークンがやりとりされる。
- APIは最新の標準によって保護される。
- Oktaへのその他のアクセスについては、ルールによりAPIへのアクセスを管理できる。

OktaのAPI Access Managementについては、様々なベストプラクティスがある。詳細については、https://developer.okta.com/docs/concepts/api-access-management/を参照のこと。

以上、OktaのAPI Access Managementのメリットを紹介した。ここからは、これを活用する方法とアプリケーションの設定について紹介していこう。

7.4　API Access Managementの設定

Oktaの管理コンソールから設定を行おう。Security⇒APIと移動すると、次の3つのタブが表示される。

- Authentication Servers
- Tokens
- Trusted Origins

管理コンソールの画面を次に示す。

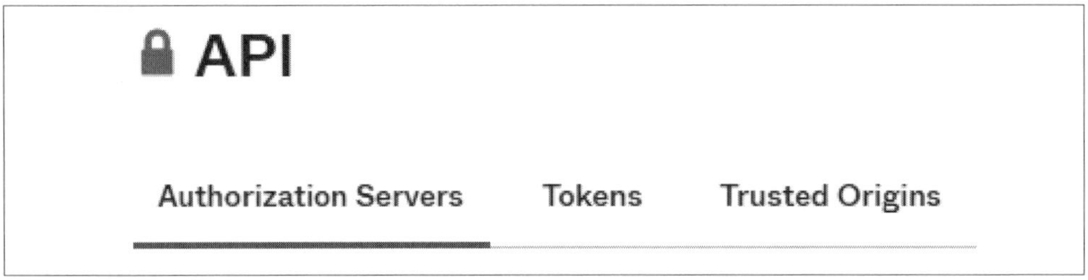

図7-3　APIのタブ一覧

TokensとTrusted Originsについては本章で既に説明済のため、ここではAuthorization Serversについて説明する。なお、API Access Managementを有効化していない場合は、次で説明するデフォルトの認可サーバの設定のみが可能である。

7.4.1　認可サーバ（Authorization Server）[3]

まずは、なぜ認可サーバが必要となるのかについて確認しよう。認可サーバとは、基本的にOauth 2.0やOpenID Connectで用いるトークンの生成（通常mintと呼ばれる）を行うものである。このトークンを用いてOpenID Connectのアプリケーションの認証を行ったり、Webサービスの認

---

[3]　［訳注］Authorization Serverについての定訳はなく、「承認サーバ」という訳語を用いているベンダも存在したが、本書では訳者が確認した限りもっとも多い訳語である「認可サーバ」を用いた。

可を行うだけではなく、APIエンドポイントに対するアクセス権を付与することができる。端的に言うと、認可サーバは、OpenID ConnectやOAuth 2.0を用いるユーザを認証し、IDトークンやアクセストークンを払い出す。各認可サーバには固有のIssuer URIとトークンに対する署名鍵が存在する。これにより、セキュリティが確保される。

OktaにはOrg認可サーバ（Org Authorization server）とカスタム認可サーバという2種類の認可サーバが存在する。Org認可サーバはOktaの各テナントにデフォルトで存在しており、Oktaへの SSOと、Okta API用のアクセストークンの取得に用いられる。Org認可サーバはカスタマイズできず、この認可サーバのアクセストークンをユーザのアプリケーションで用いることはできない。

Org認可サーバにおいて、Oktaテナントのメタデータ情報をプログラムから入手する際には、次のエンドポイントを用いる。

```
OpenID: https://${yourOktaOrg}/.well-known/openid-configuration
OAuth: https://${yourOktaOrg}/.well-known/oauth-authorization-server
```

カスタム認可サーバはユーザのAPIをセキュアに保護するものであり、認可サーバごとにスコープ、クレーム、アクセスポリシーを設定することができる。デフォルトでは、基本的なアクセスポリシーとルールが設定済のカスタム認可サーバが1つ定義されている。

カスタム認可サーバを追加する際は、Authorization Serversタブから Add Authorization Server をクリックし、次の画面から情報を入力する。

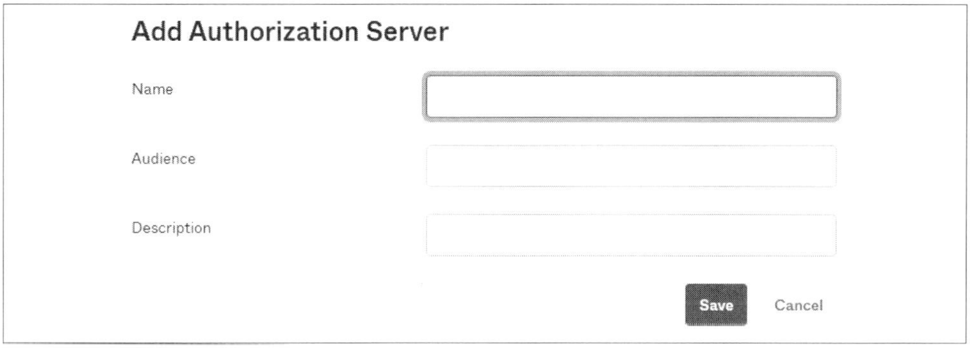

図7-4　新規カスタム認可サーバの設定画面

次の情報を入力する。

- Name：カスタム認可サーバの名称
- Audience：トークンを利用するOAuthリソースのURI
- Description：認可サーバの説明を任意で記述できる。

Saveをクリックするとカスタム認可サーバが作成され、次の各タブから詳細な設定を行うことができる。

図7-5　カスタム認可サーバの設定タブ

　Settingsタブでは、認可サーバ作成時に行った設定の確認に加え、**Signing Key Rotation**を**Automatic**もしくは**Manual**に設定することができる。デフォルトは**Automatic**であり、クライアントがサーバに定期的にポーリングを行って署名鍵の一覧を更新できない場合のみ**Manual**とすべきである。鍵のローテーションについての詳細は後述する。

　次のタブは**Scopes**である。スコープを追加する場合は、**Add Scope**をクリックすることで次の画面が表示される。

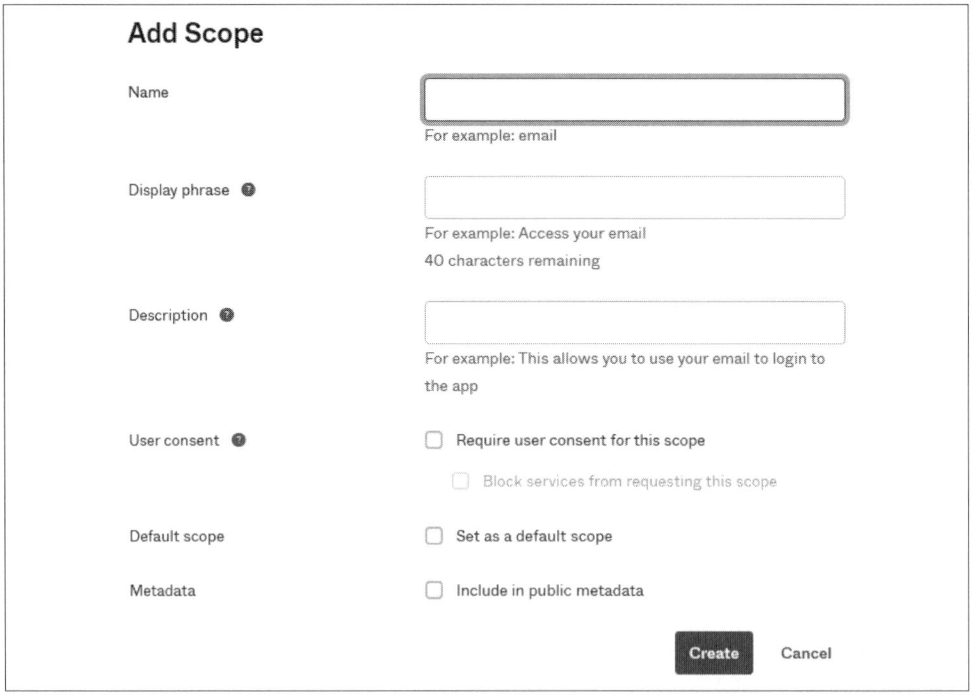

図7-6　スコープの追加

次の各フィールドに情報を入力する。

- **Name**：スコープ名を設定する。
- **Display phrase**：ユーザ向けのスコープの説明を記述する。
- **Description**：スコープの説明を記述する。
- **User consent**：各ユーザに対して同意確認を行うかどうかを設定する。
- **Default scope**：スコープの指定がないリクエストをOktaに認可させたい場合は、このチェックボックスをチェックする。その場合、アクセスポリシーを通過して許可された各リクエストについて、Oktaはデフォルトのスコープを返却する。
- **Metadata**：このスコープを一般に公開したい場合は、チェックボックスをチェックする。

Createをクリックすることでスコープの作成が完了する。Scopesタブに戻ると、作成済のスコープの一覧を確認できる。

引き続き、**Claims**タブについて説明する。クレームは**IDトークン**用と**アクセストークン**用に大別される。

Add Claimをクリックすることで、次の画面から新規のクレームを作成することができる。

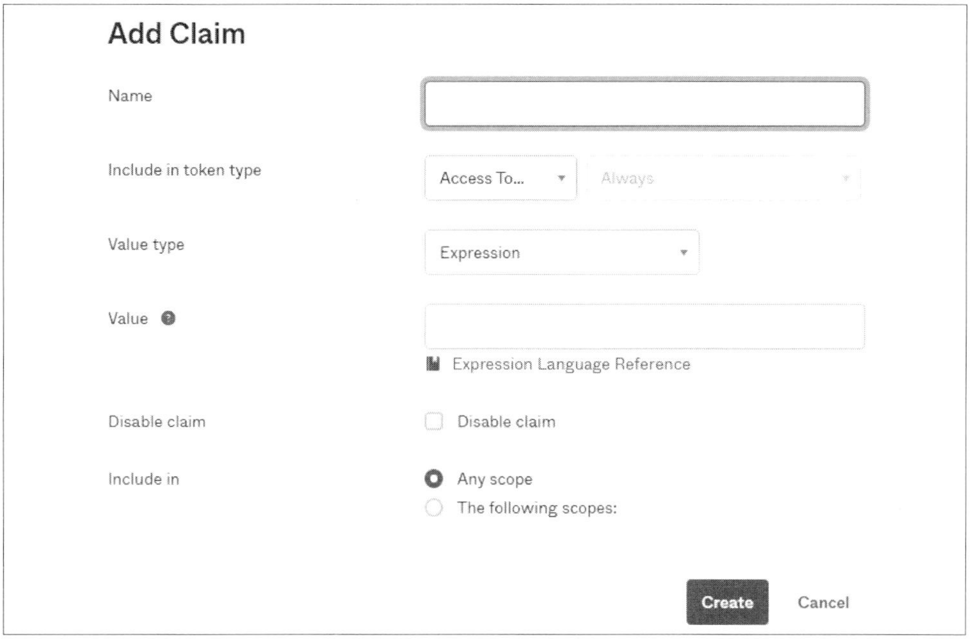

Add Claim

Name	
Include in token type	Access To... ▼　Always ▼
Value type	Expression ▼
Value 🔵	
	📘 Expression Language Reference
Disable claim	☐ Disable claim
Include in	⦿ Any scope
	○ The following scopes:

Create　Cancel

図7-7　クレームの設定

設定を順に見ていこう。

- **Name**：クレームの名称
- **Include in token type**：必要に応じて**ID Token**もしくは**Access Token**を選択する。**ID Token**を選択した場合は、認可サーバがトークンにクレームを設定するタイミングを選択する。**Access Token**の場合、タイミングは常に**Always**となる。

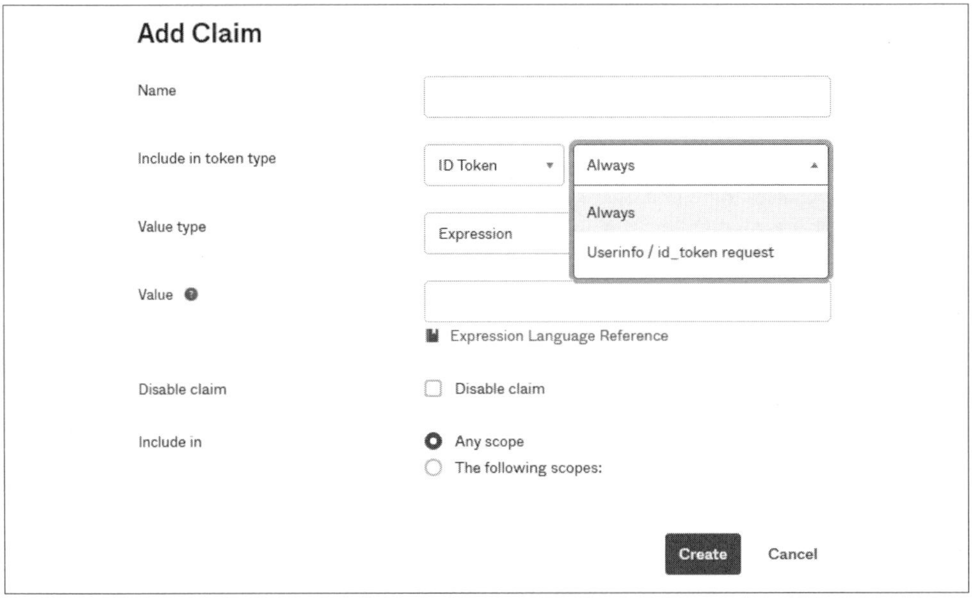

図7-8　IDトークン作成時に選択可能なトークンの形式

- **Value type**：このドロップダウンリストで、クレームの範囲をグループで制御するか、式言語で行うかを選択する。**Expression**を選択した場合、制御は式言語で行われるため、次のフィールドで式言語を入力する。**Groups**を選択した場合、制御はグループで行われるため、次のフィールドで対象のグループを指定する。これにより、営業チームを対象としたい場合に営業チームのグループを設定したり、もしくは**Okta**の式言語によりクレームの対象となるユーザやグループの詳細な制御を行ったりすることが可能である。**Groups**を選択した際の画面を次に示す。

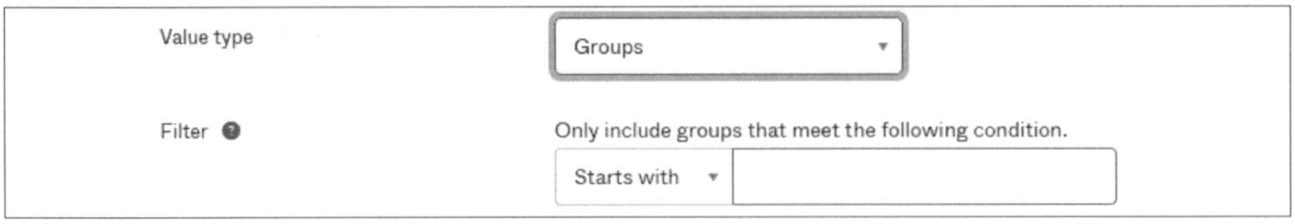

図7-9　Groupsを選択した場合に表示されるフィールド

画面には、後2つオプションが存在する。

- **Disable claim**：デバッグやテストのためにクレームを一時的に無効としたい場合にチェックする。
- **Include in**：クレームをすべてのスコープに対して適用するか、指定のスコープに対してのみ適用するかを設定する。

Createをクリックするとクレームの作成が完了する。多数のクレームを作成している場合は、左のペインからクレームの種別ごとにフィルタを行うことができる。一覧画面で各クレームの右にあるペンのアイコンや×アイコンをクリックすることで、クレームの編集や削除が行える。

引き続き、アクセスポリシーについて説明する。アクセスポリシーにより、様々なサービスが、サーバやそのスコープとクレームにアクセスできるようになる。**Access Policy**タブから**Add Policy**をクリックすると次の画面が表示される。

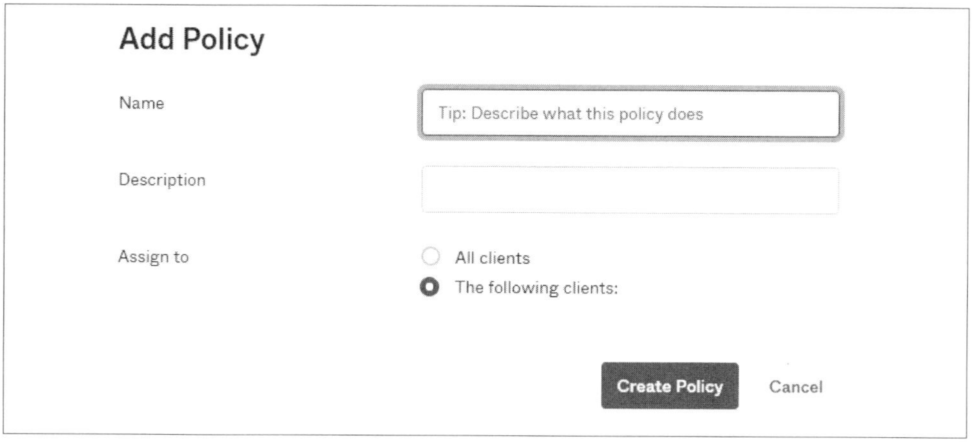

図7-10 新規アクセスポリシーの設定

設定は非常に簡単である。

- **Name**：ポリシー名を設定する。
- **Description**：ポリシーの説明を記述することができる。似たようなポリシーを作成している場合は特に重要である。
- **Assign to**：ポリシーをすべてのクライアントに対して適用したい場合は、デフォルトの**All clients**のままに設定する。特定のクライアントに対してのみ適用したい場合は、**The following clients**を選択の上、ポリシーを適用するクライアントを設定する。

Create Policyをクリックすることで設定は完了する。画面上では、以前の章で説明したサインオンポリシーなどと同様の表示形式で、作成したアクセスポリシーの一覧が参照できる。一覧表示

されているポリシーの左端にある画像をドラッグアンドドロップすることで、ポリシーの適用順を変更することが可能である。また、各ポリシーには**Inactive**、**Edit**、**Delete**といったメニューから各々無効化、編集、削除を行うことができる。Oktaの他のポリシーと同様に、最低1つのルールを作成する必要がある。**Add Rule**をクリックして、設定を行っていこう。

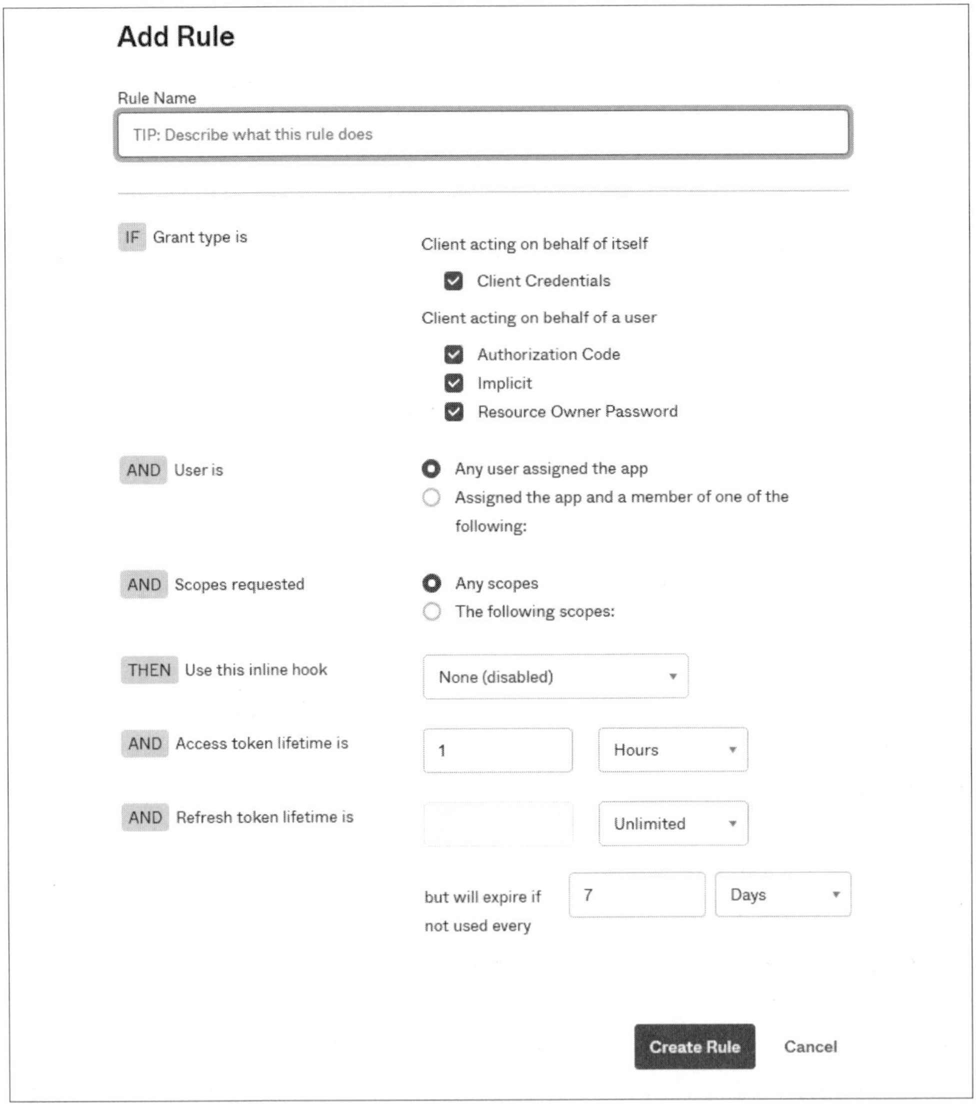

Add Rule

Rule Name

TIP: Describe what this rule does

IF　Grant type is

Client acting on behalf of itself

☑ Client Credentials

Client acting on behalf of a user

☑ Authorization Code
☑ Implicit
☑ Resource Owner Password

AND　User is

◉ Any user assigned the app
◯ Assigned the app and a member of one of the following:

AND　Scopes requested

◉ Any scopes
◯ The following scopes:

THEN　Use this inline hook

None (disabled) ▾

AND　Access token lifetime is

1 　　Hours ▾

AND　Refresh token lifetime is

　　Unlimited ▾

but will expire if not used every

7 　　Days ▾

Create Rule　Cancel

図7-11　アクセスポリシールールの設定

設定する項目を順に説明する。

- Rule Name：ルールの名称

IF配下には、次のオプションがある。

- Grant type is：クライアントが自分自身の代理として振る舞うか、ユーザの代理として振る舞うかを選択できる。両方を選択してもよいが、ユーザの代理として振る舞う場合は、直下にあるチェックボックスをいずれか1つ以上選択する必要がある。

AND配下には、次のオプションがある。

- User is：IFステートメントでClient acting on behalf of itselfもしくはClient acting on behalf of a user配下のチェックボックスのいずれかが選択されていると、このオプションが設定可能となり、アプリケーションに割り当てられるユーザを設定可能となる。
- Scopes requested：ユーザが条件を満たした際に与えられるスコープを選択する。

THEN配下には、次のオプションがある。

- Use this inline hook：インラインフックの設定を行っている場合、それを呼び出すことができる。設定していない場合はNone以外を選択できない。

AND配下には、次のオプションがある。

- Access token lifetime is：トークンの有効期限を設定する。
- Refresh token lifetime is：デフォルトはUnlimitedに設定されているが、Minutes、Hours、Daysを設定の上、数値を指定することができる。また、有効期間中であっても、一定期間使用されていない場合に強制的に無効化する設定を行うこともできる。

　以上でルールの作成が完了した。複数のルールを作成した場合は、ポリシーの項での説明と同様にして順序を入れ替えることができる。クライアントからリクエストがきた際には上から順に評価が行われ、いずれかのポリシーやルールが条件に合致すると、以降の評価は行われない。またポリシーと同様にルールについても無効化、編集、削除といった操作が可能である。

　以上、認可サーバの設定が完了し、外部のアプリケーションやサービスが認証をOktaに委任し、Oktaがアプリケーション用のクレームやスコープを管理することが可能となった。引き続き、鍵のローテーションについて説明する。

7.4.2　鍵のローテーション

　鍵のローテーションは、既存の署名鍵を新しい鍵で置き換える際に用いられる。定期的な鍵のローテーションは、業界でも常識として行われている。Oktaは自動で年に4回鍵のローテーションを行う。

Oktaによって行われる標準の鍵のローテーションは、通知なく行われる。

　認可サーバでは鍵のローテーションを自動で行う代わりに手動で行うこともできる。鍵は自動で
ローテーションしていくことが望ましいため、手動でのローテーションは真にやむを得ない場合に限
定すべきである。手動でのローテーションを行う場合は、管理者が管理コンソールの認可サーバの
Settings タブから Rotate Signing Keys をクリックする必要がある。この設定は、認可サーバで手動
でのローテーションを有効にした場合のみ表示される。

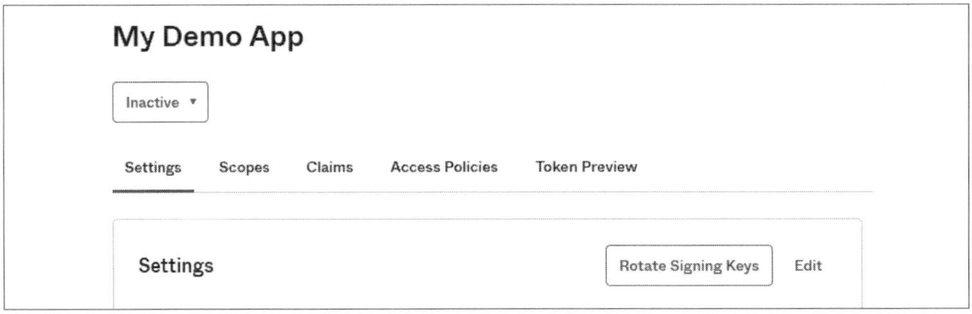

My Demo App

Inactive ▼

Settings　　Scopes　　Claims　　Access Policies　　Token Preview

Settings　　　　　　　　　　　　　　　　Rotate Signing Keys　　Edit

図7-12　手動での鍵のローテーションボタン

　Settings タブの最下部で、次のように Previous、Current、Next の鍵を確認できる。

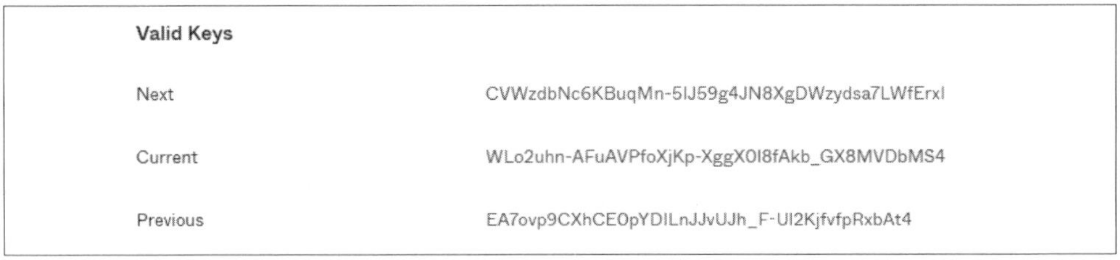

Valid Keys

Next　　　　　　　　CVWzdbNc6KBuqMn-5lJ59g4JN8XgDWzydsa7LWfErxl

Current　　　　　　WLo2uhn-AFuAVPfoXjKp-XggX0I8fAkb_GX8MVDbMS4

Previous　　　　　EA7ovp9CXhCE0pYDlLnJJvUJh_F-Ul2KjfvfpRxbAt4

図7-13　1つ前（Previous）、現在（Current）、次（Next）の署名鍵

　これらのアクションは Okta API で行うこともできる。これにより、IT チームやセキュリティチー
ムが新しい鍵を発行して提供する代わりに、簡単なコードを作成することで、開発チームが鍵の更
新を行うことが可能となる。

Okta APIを用いて署名鍵を更新する方法についての詳細は、https://developer.okta.com/docs/reference/api/authorization-servers#get-authorization-server-keysを参照のこと。

7.4.3　まとめ

　本章では、略語とリンクに振り回されたかもしれない。ここで説明したかったことは、Okta APIを用いて何を行うことができるかの概要と、それを用いる方法や可能性についてである。ユーザの追加のような管理作業について、管理コンソールを用いずに行うことで繰り返し作業を低減する方法について理解を深めていただけたのであれば幸いである。必要に応じて詳細な情報を確認できるように、外部リンクを参考として提示した。さらに、Okta自身のAPI Access Management製品を用いて、OktaをAPI連携システムから用いる方法や設定する方法について説明した。ここで、APIを保護し、Oktaを用いて企業のセキュリティを向上させるという重要な要件について言及している。次の章では、OktaのAdvanced Server Access製品と、そのメリットについて詳細を説明する。

8章

Advanced Server Access によるサーバ管理

Oktaの**ASA**（Advanced Server Access）は、2019年にリリースされた最新の製品である。ASAにより、Okta製品群のカバー領域がサーバにも拡大された。UDによりサーバ上のアカウントの一元管理が実現され、LCMによりアカウントの自動プロビジョニングが実現される。SSOにより、シンプルで信頼性の高い認証が実現し、サーバ上のアカウントに対するコンテキストベースの**MFA**認証が可能となる。本章では、ASAのような製品が必要とされるに至った背景から話をはじめ、ASAの設定や管理について説明する。

本章では、次のトピックに沿って説明を行っていく。

- ASAの概要
- ASAの設定
- ASA環境の管理
- 管理の自動化

8.1 ASAの概要

ここまで、本書ではアプリケーション管理についての説明を行ってきた。ASAを導入することで、Oktaの管理領域が拡大し、サーバに対するセキュアなアクセスが可能となる。これにより、ユーザ、アプリケーション、デバイスを越える領域に対するゼロトラスト化が現実味を帯びてくる。さらに、DevOps運用においてクラウド対応が重要性を増しつつある中で、自動化はその中核であり、Oktaが対応を進めてきた領域でもある。

企業内のサーバを管理する上では、それが自社インフラの一部であれ、商用インフラの一部であ

れ、開発者[*1]が接続できるようにしておく必要がある。通常こうした接続は、特権アカウントを用いた**SSH**による**コマンドライン**（**CLI**）ベースでのアクセス、もしくは**RDP**（リモートデスクトップ）によるサーバへのアクセスで行われる。特権アカウントにはユーザの役割に基づくアクセス権を付与するものの、過剰なアクセス権の付与が早晩問題となる場合が多い。非常に重要な業務へのアクセスが、個々のユーザにアクセス権を付与するのではなく、共有の管理者アカウントで行われていることも多いだろう。必要以上のアクセス権が付与されているということは、必要以上のリソースにアクセスできるということであり、セキュリティ的にはリスクとなる。

　ゼロトラスト化が進むと、セキュリティの実装はネットワークベースからアプリケーションベースへと移行し、セキュリティの管理は、主として**IaaS**ベンダではなくユーザ側で行われるようになる。サービスは日に日に進化し複雑化するが、セキュリティ基準への準拠は維持する必要がある。一方で、運用を担っているエンジニアには多くの、時には数百を越えるサーバやマイクロサービスに対するアクセス権を付与する必要がある。これらの管理者権限については何らかの監視が必要であるが、システムが膨張するにつれ、管理すべき資格情報も増加しており、管理に要する工数自体も増大している。前述した通り、この状況下で過剰な権限を有するアカウントの利用が常態化している。開発者は、本来サーバごとに最低限必要な権限は異なるにも関わらず、各サーバに対して同じ権限でアクセスしていることだろう。

　この状況下での監査は大きな課題である。クラウドサービスを活用することで、多様な要件に基づいて様々なサービスを迅速に導入、拡張することが可能となったが、こうした導入に伴い、アクセス権の管理は加速度的に難易度を増しており、特に自動処理を活用している場合はそれが顕著である。システム管理者が退職した時のことを考えてみよう。どのようにしてシステムに対するアクセスが確実に遮断されていることを確認できるだろうか？　最後になるが、我々はエンドユーザの生産性向上を日々追求しているが、開発者のことを忘れてはならない。彼らは日々の業務が円滑に進む方法を模索しているが、これは必要に応じてセキュリティ要件を緩和することでもある。セキュリティと生産性を両立させることが肝要であり、さもなくば、日々の業務がうまく進むべくもない。

　ここまで、ASA登場の背景について一通り説明した。ここからはASAの基本的な機能について見ていこう。

　ローカルから**SSH**を用いてサインインしているユーザは、認証に**RSA**の公開鍵が必要なことを知っているだろう。この鍵はユーザに様々な特権を付与する際に用いられる。この方式の主な懸念は、RSA鍵は静的であり、ローカルに保持されている点である。これは、次のような広範なセキュリティ課題を内包している。

---

*1　［訳注］本章では「開発者」という記載が頻出するが、「運用者」と読み替えて理解するのが良いだろう。

- 鍵はユーザを識別するものではない。
- コンテキストを認識できない。
- 作業内容に関わらず、認証対象を信頼してしまう。
- サーバの増設や縮小に伴うプロビジョニングができない。

ASAは、サーバのID管理システムとして動作することで、これらの課題の解決の一助となる。

ASAはクラウド環境とオンプレミス環境の両者で連携して動作する。特徴的な機能は、一時的な資格情報の払出機構であろう。この資格情報は動的であり、ユーザからの要求ベースで、コンテキストや要求されたアクセス権に基づき作成される。

これにより、必要な時、必要なサーバに対して、作業の実施に必要な最小権限のみを有した状態でユーザをアクセスさせることが可能となり、次のような要件が実現する。

- セキュリティ向上。これは、サーバ全体の権限を与えないことによる。
- アクセスとトークン単位のルール設定。長期間有効な資格情報が不要となる。
- 高度な自動化、スケーラビリティ
- Oktaによる動的なアクセス権の付与。これは、ローカルに保持された静的な鍵に代わるものとなる。
- 誰がどこにいつアクセスしたかの網羅的な記録、監査機能の向上

一時的な資格情報の作成は厳格に行われ、分単位で無効化されるため、第三者に共有されたり、フィッシングに悪用される余地がない。Oktaが提供するコンテキスト情報を活用し、ポリシーの強制的な適用を実現する。さらにMFAを併用することで、利便性を維持しつつセキュリティを向上させることが可能となっている。

これは非常に素晴らしい機能ではあるが、他のベンダも類似の機能を実装してもおかしくない。Oktaの特徴的なところは、コンテキスト情報を集約し、ユーザのID情報を真に中核に据えた管理を実現している点である。これによりゼロトラスト指向が具現化し、セキュリティおよび生産性の向上と管理の効率化を実現している。

8.1.1 ASAのシステム概要

ASAは双方向のシステムである。すなわち、ユーザはサーバへのアクセス権が必要であり、サーバは割り当てられたユーザからアクセス可能である必要がある。

アクセス対象の各サーバはASAに登録しておく必要がある。登録トークンを用いることで、サーバをASAにセキュアに追加することが可能となる。登録済の各サーバではsftdという軽量のエージェントが動作し、サーバのユーザ、グループ、権限を管理するとともに、認証処理をASAのシステムログに記録するようになる。sftdはOktaと定期的に通信を行うことで、更新を即座にサーバ上の /etc/sudoers や /etc/passwd といったファイルに反映する。

　ユーザ目線で見ると、軽量のエージェントがOktaとの連携用にインストールされる。エージェントはCLIインタフェースを有しており、これによりローカルのSSHとの連携が可能となる。

　ユーザがCLIインタフェースを用いてサインインしようとすると、Oktaへ認証がリダイレクトされ、ユーザのコンテキストやデバイスのコンテキストなどに基づくポリシーやMFAが適用される。

　認証に成功すると、CLIインタフェースを用いて自身がアクセス権を有するサーバを確認することが可能である。$ sft list-serversコマンドにより、アクセス可能なサーバが一覧できる。これらのサーバへのアクセスに追加の操作は不要である。単に$ SSH {server name}と入力するだけで、適切な権限を有する一時的なCA（Certificate Authority）トークンが作成され、直ちにアクセス権が付与される。ユーザがあらかじめOktaにサインインしていない場合、SSHコマンドを契機にブラウザが起動して認証処理が開始される。

　この認証は特定のサーバとユーザのペアに対応付けられ、セキュアで堅牢なセッションにより、別のデバイスやシステムからのアクセスが制限されている。ユーザは、役割やグループの設定に基づき、ユーザが割り当てられた**プロジェクト**に属するサーバへのアクセス権を取得する。

　プロジェクトとは、様々なリソースの集合体であり、アクセス制御やポリシーを設定する単位である。ASAには最低1つのプロジェクトが必要である。

　認証にRSA鍵が使われないためSSHフォルダは存在せず、サーバ上に認証鍵も存在しない。アクセスが許可されるのは、クライアントからの認証によって生成された一時的な証明書に基づくアクセス権とスコープに限定される。グループやアクセス権の割り当て、アクセス権、**SUDO権限（管理者への昇格権限）**といったものがOktaで管理されるため、ユーザの行動履歴を監査できるようになる。

　サーバはプロジェクト単位で管理される。プロジェクトにはユーザが所属するグループ、ユーザが実施可能なタスク、過去に発生したイベントなどが含まれる。ユーザとグループがOktaで管理されることで、適切なユーザが適切なルールに基づき、適切なプロジェクトに割り当てられていることが保証される。ユーザやグループはプロジェクトに属するサーバ上にプロビジョニングされる。プロジェクトで管理者権限を割り当てると、Linuxサーバ上にプロビジョニングされたユーザにSUDO権限が付与される。

　時には、ユーザにサーバ上で特定の操作をさせたいが、完全な管理者権限は付与したくないといった場合がある。この場合、グループに権限を割り当てることで、ユーザはサーバに対する完全なアクセス権なしに必要なコマンドだけを実行させることができる。

　サポートチームにサーバ上でApacheの再起動を実施させたいケースを考えてみよう。従来は、チームの管理が煩雑となるため、SUDO権限の付与により必要となるアクセス権を付与していたことだろう。しかし、ASAを用いれば、ユーザとグループに必要な権限だけを付与できる。アクセス対象のサーバが所属するプロジェクトに割り当てられたサポートチーム用グループに次の設定を行う。

- 必要なサーバへのアクセス権の付与
- アクセス権を付与したサーバに対するアカウントのプロビジョニング設定
- コマンドを実行するのに必要な権限の付与

これによりユーザに対する最小権限の付与が実現し、ゼロトラストへの道がまた一歩前進する。以上、ASAの概要と登場の背景について説明した。ここからは具体的な設定について見ていこう。

8.2 ASAの設定

ASAを利用する上では、次の設定を実施する必要がある。

1. ASAをOktaにインストールする。
2. サーバを登録し、エージェントをインストールする。
3. サーバを**チーム**に登録する。
4. サーバを設定する。

これらについて順を追って説明していこう。まずはASAのインストールである。

8.2.1 ASAのインストール

ASAは単独の製品として提供されているため、利用に際しては、個別に購入する必要がある。

ASAを使用する上では、Okta orgでASAの初期設定が必要である。ASAはアプリケーションとして提供されているため、一般的なアプリケーションの追加手順に従ってASAを追加する。

1. **Application**⇒**Applications**に移動する。
2. **Add Application**ボタン[*2]をクリックする。
3. **Okta Advanced Server Access**を検索し、選択の上**Add**をクリックする。

次の設定画面で、**Application Label**と**Application Visibility**を設定する。

---

*2 ［訳注］新しいOktaでは代わりに**Browse App Catalog**をクリックする。

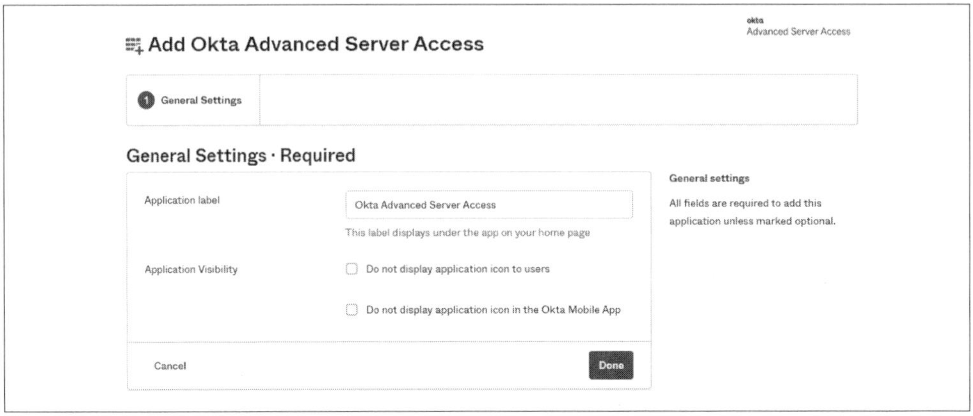

⊞ Add Okta Advanced Server Access

okta
Advanced Server Access

① General Settings

General Settings · Required

Application label	Okta Advanced Server Access
	This label displays under the app on your home page
Application Visibility	☐ Do not display application icon to users
	☐ Do not display application icon in the Okta Mobile App

General settings

All fields are required to add this
application unless marked optional.

Cancel　　　　　　　　　　　　　　　　　　　　　　　　**Done**

図8-1　ASAのGeneral Settingsセクション

Doneをクリックするとインストールが完了し、以降の設定を行うことが可能となる。

まずは自分自身に対してアプリケーションの割り当てを行う必要がある。

アプリケーションの割り当ては次のようにして行う。

1. Assignmentタブで**Assign**をクリックし、**Assign to people**を選択する。
2. 自分の名前を検索し、**Assign**をクリックする。
3. ユーザ名をOktaが設定したユーザ名のままとするか、別の名前に変更するかを選択する。
4. **Save and go back**をクリックの上、**Done**をクリックする。

引き続き、ASAサイト（https://app.scaleft.com/）で設定を継続する。Oktaテナント側の設定も必要なため、新しいタブでリンクを開こう。ASAサイト上で次の順に設定を行っていく。

1. **Create a new team**をクリックし、新規チームを作成する。
2. チーム名を設定する。これは企業名などが良いだろう。現在ASAの評価を行っているのであれば、チーム名に PoCといった文字列を付加しておくことで、誤用を抑止できる。

画面を下にスクロールすると、Okta側で必要となる情報が表示されているので、Oktaテナントを開いているタブに戻り、ASAアプリケーションの**Sign on**を選択する。**Edit**をクリックし、次に示す**Advanced Sign-on Settings**セクションまで下にスクロールする。

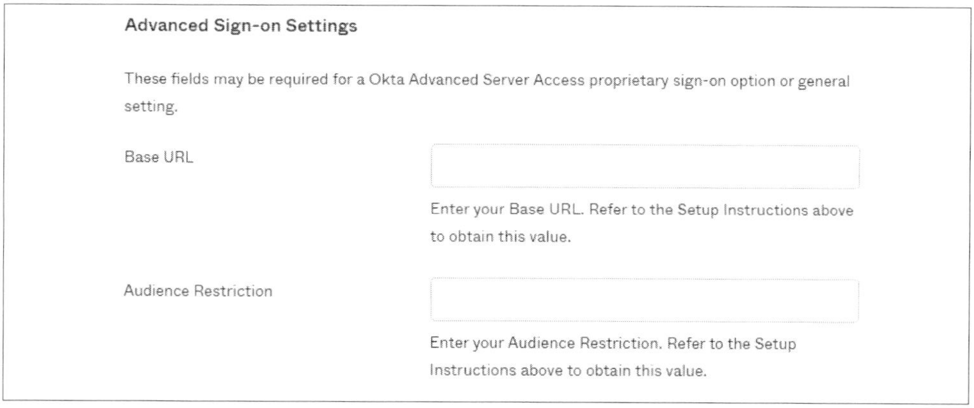

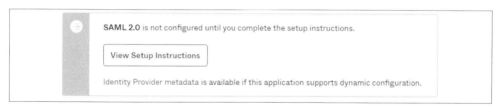

図8-2 ASAサイトで表示された情報の入力

ここで、**Base URL** と **Audience Restriction** の値を ASA 側の Web サイトからコピーして貼り付け、**Save** をクリックする。

次に SAML 2.0 の設定まで上方向に戻り、青色の **Identity Provider metadata** をクリックする。

図8-3 メタデータへのリンク

このリンクをクリックすると新しいタブが開かれるので、そのタブの URL をコピーする。

引き続き ASA サイトに戻り、設定を続行する。

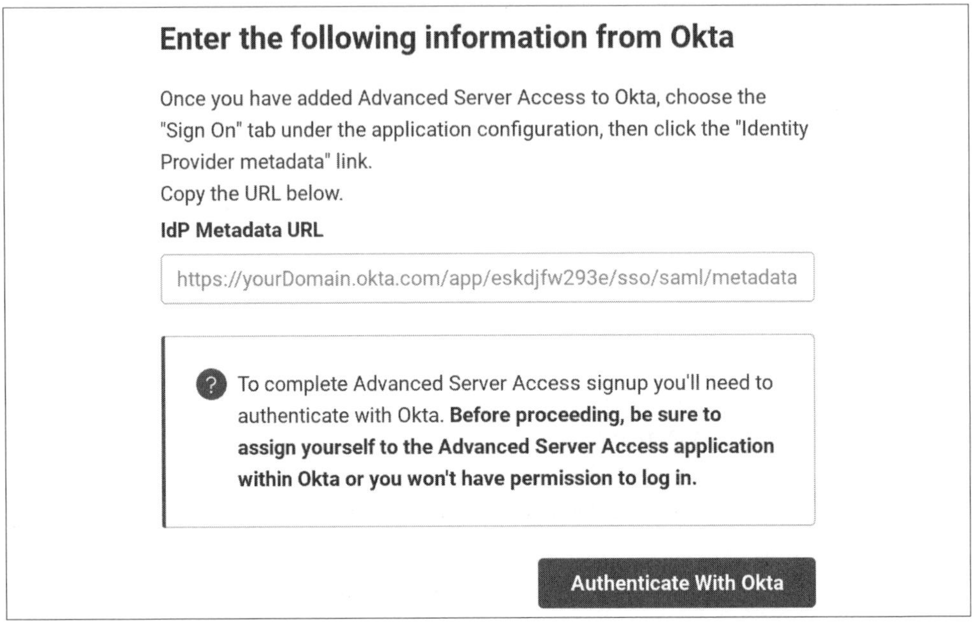

図8-4　ASAサイトでの設定

次の設定を行う。

1. 先ほどのメタデータのURLを **IdP Metadata URL** にコピーする。
2. 接続を検証するため、**Authenticate With Okta** をクリックする。

検証が完了したら、ASAのインストールは完了である。引き続き、サーバの登録を行う。

8.2.2　サーバの登録

ASAがサーバと連携する上では、サーバにエージェントをインストールした上で、サーバをASAサイト上でプロジェクトに登録する必要がある。エージェントはプロジェクトの設定に基づき、サーバを管理する。デフォルトでは、サーバ上のユーザが管理下に入り、SSHやRDP用のクライアント証明書が有効化される。

サーバの登録を行う際には、登録トークン（enrollment token）を使用する。これは、Base64でエンコードされ、エージェントが自身を設定する際に用いるメタデータを含んだデータである。登録トークンを作成するにはプロジェクトが必要なため、まずはそちらを設定しよう。ASAサイトのダッシュボード上で **Projects** をクリックの上、**Create Project** をクリックし、次の情報を入力する。

- **Project Name**：プロジェクト名を入力する。どういったサーバが所属しているかがわかりやすい名称が良いだろう。

- ユーザの事前認可を行う場合は、**Require Preauthorization**ボックスをチェックする。これにより、ASAは事前に認可済のユーザの資格情報を発行するようになる。これはオプションであり、プロジェクト内であらかじめ指定した期間、ユーザにアクセス権を付与したい場合に必要となる。

- **On Demand User Time to Live (TTL)**：サーバが登録された際にユーザを作成するか、ユーザがサーバにアクセスした際にオンデマンドでユーザを作成するかを指定できる。前者の場合、このオプションをDisabledにしておくこと。それ以外の場合は、アカウントをサーバから削除するまでの有効期限を設定する。

オンデマンドのユーザ作成を行う場合は、エージェントがポート4421にアクセスできる必要がある。

これでプロジェクトの作成が完了したので、登録トークンの作成に移ろう。作成したプロジェクトの**Enrollment**タブに行き、画面の下にある**Create Enrollment Token**をクリックし、次の設定を行う。

- **Description**：使用用途などの説明を記述する。例えば、試用であればASA trial tokenのように記述すればよい。

登録トークンの作成に成功すると通知が行われるので、このトークンをコピーし、サーバ上のファイルに書き込んでおく。構成管理システムを使用している場合は、そこに登録しておくのも良い。サーバのOSにより、ファイルのパスは次のように異なる。

- Linux：`/var/lib/sftd/enrollment.token`
- Windows：`C:\windows\system32\config\systemprofile\AppData\Local\scaleft\enrollment.token`

それでは、エージェントをサーバにインストールしよう。Linuxサーバへのインストールの場合、インストール手順自体はディストリビューションに依存しないが、具体的なコマンドは異なる。手順は次の通り。

1. リポジトリを追加する。
2. 署名鍵をキーチェインに追加するか、署名鍵を信頼する。
3. エージェントを含むパッケージをLinuxサーバにインストールする。

以降の手順は、OS側のパッケージ管理コマンドによって行うため、サーバのディストリビュー

ションによって異なる。コマンドオプションの詳細については、https://help.okta.com/asa/en-us/
Content/Topics/Adv_Server_Access/docs/install-agent.htmを参照のこと。

Windowsサーバへのインストール手順は若干簡単である。

1. ASAサーバをダウンロードする。ダウンロード元リンクは先ほどのURL中に記載されている。
2. ダウンロードしたファイルをダブルクリックして、Windowsのインストーラ形式である**MSI**ファイ
   ルをインストールする。

これで完了である。サーバが登録されているかを確認しよう。ASAサイトでプロジェクトの
Serversタブをクリックすると、登録に成功していれば、サーバが一覧に表示されているはずであ
る。引き続き、ASAクライアントについて説明する。

8.2.3 ASAクライアント

ASAクライアントにより、ASAをCLIで操作することができる。ASAクライアントをチームに登
録することで、非対話的な処理が可能となる。クライアントは次のOSにインストールできる。

- macOS Sierra 10.12からCatalina 10.15
- Fedora
- Ubuntu 16.04および18.04
- Debianテスト版
- Windows 8およびWindows 10

インストール方法は基本的に同一であり、パッケージをダウンロードしてインストーラを実行す
る。https://help.okta.com/asa/en-us/Content/Topics/Adv_Server_Access/docs/sft.htmから各OS
ごとのパッケージを入手できる。

インストール後に、ASAクライアントをチームに登録する。コマンドライン上で次のコマンドを
実行する。

```
sft enroll
```

ASAクライアントの接続先となるチームを指定するためのWebページが表示されるので、参加さ
せたいチームを入力する。**Approve**をクリックすると、コマンドライン上で登録結果が表示される。
登録が成功すると、ASAサイト側でも左ペインの**Clients**メニューをクリックすることで、登録した
ASAクライアントを確認できる。

ASAクライアントからは様々な操作を行えるが、すべての操作を行えるわけではない。コマンド
発行の際にはヘルプやバージョンを表示したり、アカウントやチームを指定することができる。コ
マンドは次の形式で指定する。

```
sft［全体オプション］command［コマンドオプション］［引数...］
```

以下は全体オプションであり、任意のコマンドと併用できる。

- ヘルプを表示する：-h、--help
- バージョンを表示する：-v、--version
- 設定ファイルのパスを指定する：--config-file
- 指定したアカウントを利用する：--account
- 指定したチームを利用する：--team
- 指定したASAプラットフォームのインスタンスを利用する：--instance

コマンドとしては、ASAクライアントの設定を行うsft configなどがある。ASAクライアント
は、デフォルトでも充分なセキュリティが確保されているが、設定を個別に行いたい場合に備え、
様々なコマンドが用意されている。コマンドの詳細については、https://help.okta.com/asa/en-us/
Content/Topics/Adv_Server_Access/docs/client.htmを参照のこと。

　ここまでASAサーバ、ASAクライアントの設定と登録について一通り説明した。ここからは、
ユーザ、グループ、プロジェクトを管理する方法について見ていこう。

8.3　ASA環境の管理

　ASAで管理可能な項目は多岐にわたる。ASAにおけるユーザ、グループなどの管理はこれまでの
説明とほぼ同様であるため、ここでの説明は割愛し、本章ではASA固有の機能であるプロジェクト
の管理について具体的に説明する。

8.3.1　プロジェクトの管理

　ここまでの説明で、プロジェクトは作成済であり、登録トークンを作成可能となっているはずで
ある。ASAでセキュアな操作を実現する上でトークンは必須である。**プロジェクト**は設定とリソー
スのセットを構成するために使われる。これはADにおけるドメインと類似の概念であり、様々な
サーバやWebアプリケーションを管理できる。プロジェクトを作成し、サーバ用の登録トークンを
発行したら、次に行うのはプロジェクトへのグループ追加である。これには、あらかじめグループ
を作成しておく必要がある。**SCIM**を用いてOktaとASAを連携している場合は、ユーザやグルー
プをOktaから連携して、グループ管理を容易にすることも可能である。設定方法は、「5章　LCM
（Life Cycle Management）による処理の自動化」で説明したプロビジョニングの連携処理を参照す
るか、https://help.okta.com/asa/en-us/Content/Topics/Adv_Server_Access/docs/setup/configure-
scim.htmを参照してほしい。

　ASAでは、各グループに**チームの役割**を割り当てられる。

チームの役割には次のようなものがある。

- **Admins**：このチームの役割を付与されたグループに所属するユーザは、他のユーザ、グループ、プロジェクトのリソースを管理できる。
- **Billing**：このチームの役割を付与されたグループに所属するユーザは、課金情報を参照し、支払いを行うことができる。
- **Reporting**：このチームの役割を付与されたグループに所属するユーザは、レポート用の読み取り専用権限を与えられる。

　ASAに同期されたグループについては、同期後にチームの役割やUID、GIDといった詳細情報を編集することができる。左ペインの**Groups**メニューから、グループを一覧できる。デフォルトでは**everyone**と**owners**という2つのグループが存在しているはずである。**owners**グループにはチームの役割として**Admin**がデフォルトで付与されており、ASAチームを作成したユーザはこのグループに所属している。Oktaからプッシュ同期されたグループも同様に一覧表示される。

　設定を編集するには、グループ名をクリックし、右上の**Actions**ボタンから**Edit Team Attributes**を選択する。ここから必要に応じてUnixのGIDに数値を直接割り当てたり、UnixやWindowsに作成されるグループ名を編集できる。

　次の例は、**04. devops**グループをASAにプッシュ同期したところである。UnixやWindowsのグループ名は、ASAの名前付け規則に基づき**sft_devops**に変化している。このケースでは、UnixやWindowsのグループ名として、元のグループ名からスペース区切りで最後の部分だけを切り出した上で、先頭にsft_を付加している。

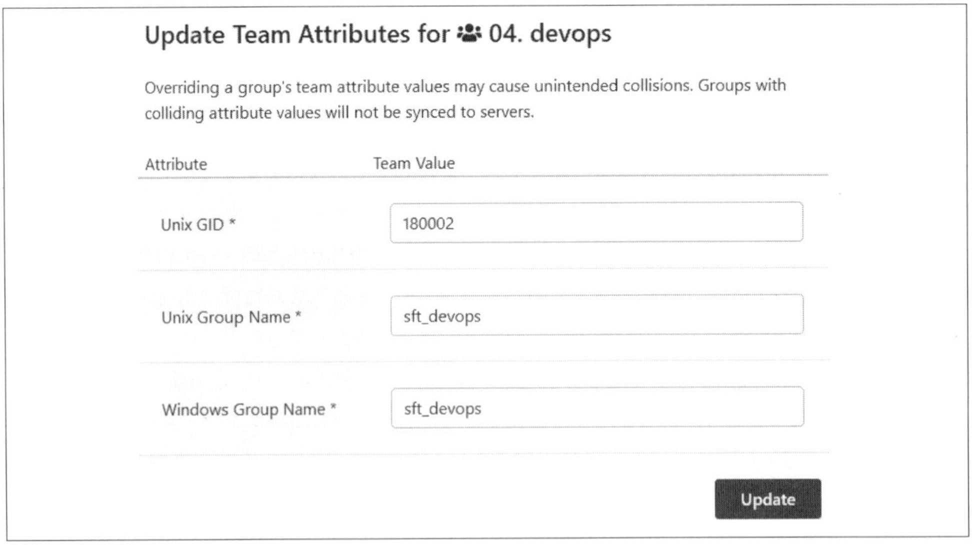

Update Team Attributes for 👥 04. devops

Overriding a group's team attribute values may cause unintended collisions. Groups with colliding attribute values will not be synced to servers.

Attribute	Team Value
Unix GID *	180002
Unix Group Name *	sft_devops
Windows Group Name *	sft_devops

Update

図8-5　ASA内のグループの属性

設定を変更したら、**Update**をクリックして変更を反映させることを忘れないように。

グループの詳細画面から、グループに対してチームの役割を割り当てることもできる。

必要な場合、複数のチームの役割を割り当てることも可能である。

Update Rolesをクリックして、変更を反映させること。

グループを作成したので、次はユーザをグループに追加しよう。「2章　UD（Universal Directory）の活用」で説明した通り、グループをアプリケーションにプッシュ同期できる。また、これらのグループに所属するユーザも、アプリケーションの**Assignments**タブでアプリケーションに割り当てられていれば同時に同期される。ASAについても、これと同様の挙動になる。ユーザをグループに割り当てておく必要はあるが、その後は**Push Group**を用いることで、OktaからASAに対してグループに所属するユーザを同期できる。

グループと同様に、左ペインの**Users**メニューをクリックすることで、ASAにプロビジョニングされたユーザを一覧することができる。ユーザの属性を編集することはできず、ASAに同期されたユーザ情報の参照だけが可能である。Oktaから同期されるのは次の項目のみである。

- First name
- Last name
- Full name
- Email

画面では、次のように表示される。

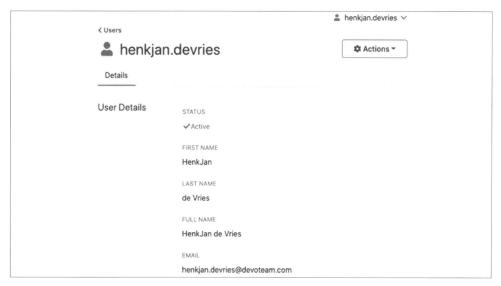

図8-6　ユーザの詳細情報

　これに加え、詳細情報ではASAで作成された属性も表示される。なお、これらを編集することはできない。

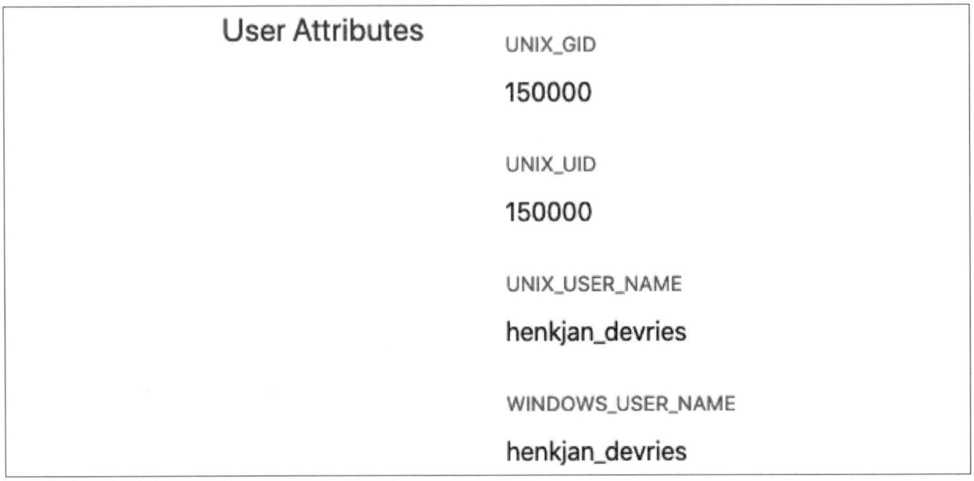

図8-7　ユーザ詳細情報（続）

　詳細情報の末尾で、ユーザが割り当てられたグループを確認できる。

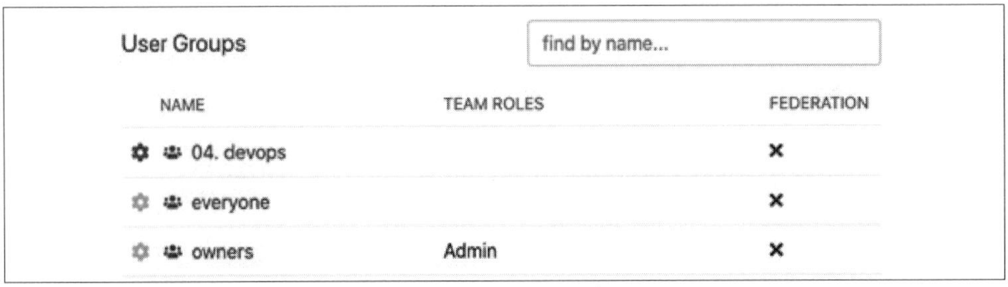

図8-8　ユーザに割り当てられたグループ情報

　ここまで、Oktaからユーザとグループを同期する方法について説明した。引き続き、プロジェクトにグループを追加する方法について説明する。

1. 左ペインの**Projects**メニューに行く。
2. グループを追加したいプロジェクトを選択する。
3. プロジェクトの**Groups**タブをクリックする。

　プロジェクトには次のように複数のタブが存在している。

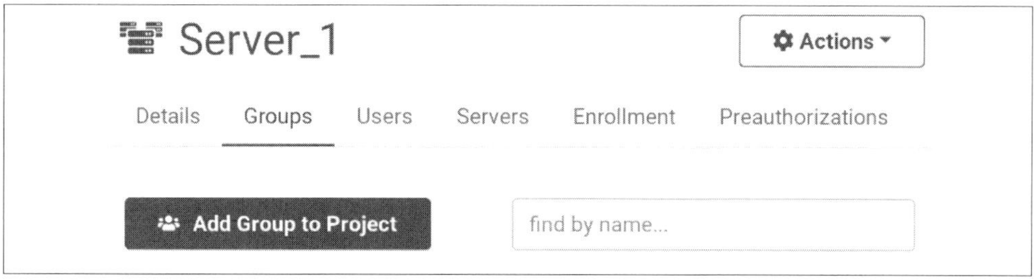

図8-9 プロジェクトのタブ一覧

グループを追加する際には、次の操作を行う。

1. **Add Group to Project** ボタンをクリックする。
2. ドロップダウンリストから、プロジェクトに割り当てるグループを選択する。
3. **Server Account Permission** セクションで **User** もしくは **Admin** を選択する。これにより、グループ内に一時的に作成されるアカウントに一般ユーザ権限と管理者権限いずれを付与するかを設定する。
4. このグループをグループが割り当てられたサーバに同期したい場合は、**Sync group to servers** チェックボックスをチェックする。

プロジェクトにグループを追加する際の画面を次に示す。

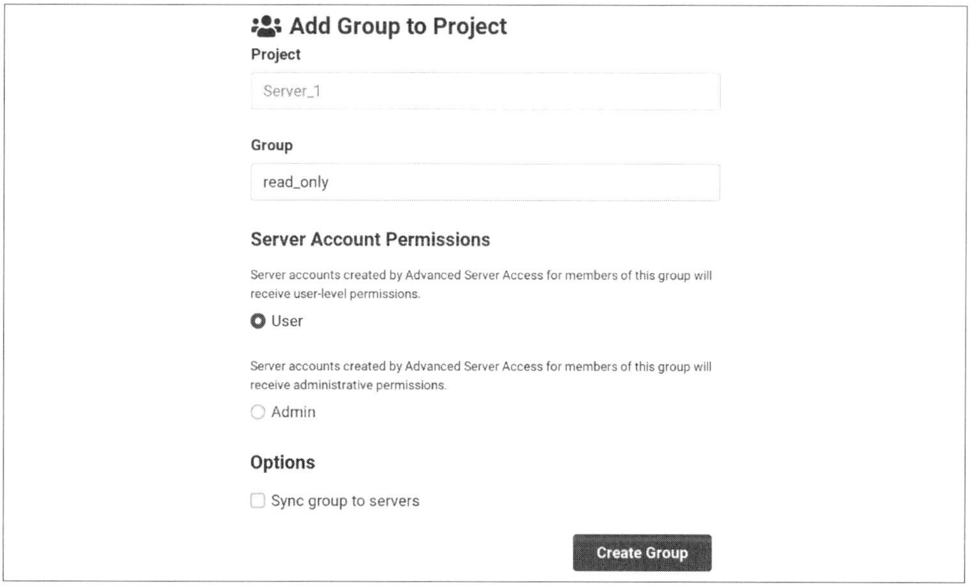

図8-10 プロジェクトへのグループの追加

これで設定は完了である。

 Linuxサーバに対して管理者権限を付与する設定を行った場合、実際にはSUDO権限が付与される。Windowsサーバで同様の設定を行った場合は、Administrator権限が与えられる。

次の手順に従って、プロジェクトでユーザの事前認可を設定できる。

1. 事前認可の設定を行いたいプロジェクトを選択する。
2. Preauthorization タブで Create Preauthorization ボタンをクリックする。
3. 事前認可したいユーザを選択する。
4. Expires At フィールドで有効期限切れとする日付と時刻を設定する。
5. Submit をクリックする。

ASAのプロジェクトを管理する方法はいくつかある。次では、外部ツールを用いてASAを管理し、日常の作業を自動化する方法について見ていこう。

8.4 管理の自動化

ASAでのサーバ登録の自動化は、インフラを柔軟に拡張していく上で最適な方法である。これにより、登録されている各サーバや、ユーザやグループのアクセス権の管理を迅速に行うことが可能となる。これを実現する上では、自動化ツールが必須である。

HashicorpのTerraform（https://www.terraform.io）などのツールを用いることで、サーバの起動と同時に処理を実行することが可能である。これにより、共通的な設定に基づくサーバの自動登録や必要なアクセス権の付与が行われる。

 Oktaは認定Terraformプロバイダである。詳細はhttps://registry.terraform.io/providers/oktadeveloper/okta/latest/docsを参照のこと。

顧客ごとに専用のサーバが必要なサービスを想定してみよう。顧客が無償サインアップを行った際には、サーバを自動的に構築する必要がある。管理者をサーバにアクセスできるようにするために手運用が必要となったり、アクセスに共有アカウントを用いることは許されないとしよう。

サーバ構築の一環として登録作業を実施させることで、登録用スクリプトに追加した変数に基づき、サーバの登録を自動で行うことができる。これにより、顧客専用サーバが適切なプロジェクトに追加され、適切な管理者グループが割り当てられる。

顧客がサービスに課金するようになると、サーバをサポートレベルが高いものにアップグレードすることになるだろう。これに伴い、サーバの所属するグループを変更し、別の管理者グループからのアクセスを可能とする必要が発生するかもしれない。ルールを設定することでこうした処理を自動化することも可能である。

ここで挙げた例は、様々なツールやクラウドベンダで実現されているケースのごく一部に過ぎない。管理下にあるクラウド上のサーバに対するASAのインストールや設定を自動化ツールで実施していく検討を進めていくことを強く推奨する。各クラウドベンダの対応状況などについては、https://help.okta.com/asa/en-us/Content/Topics/Adv_Server_Access/docs/cloud-deployment.htm を参考のこと。

8.5　まとめ

ASAはOktaを中心としたID管理をサーバの領域に拡張するための重要な要素である。ASAにより、エンジニアを静的な認証鍵や資格情報のセキュリティ維持や、更新作業、管理から解放する。本章では、利用方法についてのヒントをはじめ、サーバの設定や登録手順について説明した。また、ユーザがASAクライアントをインストールしてサーバにアクセスする方法について紹介するとともに、ASAにおける**プロジェクト**の管理について説明した。最後に、HashicorpのTerraformといったツールを用いた自動処理により、ASAをサーバ群に展開する方法についても軽く触れた。

最終章では、Oktaの最新の製品である**Okta Access Gateway（OAG）**について紹介する。OAGを用いることで、オンプレミスのアプリケーション群をOktaに統合し、レガシーなWebアクセス管理システムの縮退が実現する。

9章
オンプレミスアプリケーションと Okta Access Gatewayの活用

　本書の最終章では、もう1つの特徴的なOkta製品であるOkta Access Gateway（OAG）について紹介しよう。多くの企業で、レガシーなオンプレミスのアプリケーションがITモダナイズの障壁となっている。Oktaのような統合ID管理機構を導入し、認証をSSO化するのであれば、本来すべてのアプリケーションをその傘下に収めたいところである。Okta Access Gateway（OAG）は、これを可能とする製品である。OAGはすべての企業にとって必要なものではなく、縁のないOkta管理者も多いであろう。また、OAGは企業ネットワーク内に設置する必要があるため、他のOkta製品と比べて求められるスキルも若干高度になる。しかし、それであってもOAGについて深く知っておくに越したことはない。ここでは、OAGの概要と設定方法について説明するとともに、サンプルのアプリケーションの展開を例に、アプリケーション管理のコツをいくつか紹介する。

　本章では、次のトピックに沿って説明を行っていく。

- OAGの概要
- OAGの展開
- ヘッダベースアプリケーションの追加
- OAGの管理

9.1　OAGの概要

　世の中の多くの企業にとって、クラウドアプリケーションだけを利用していくことは非現実的であり、今後も継続してハイブリッドなクラウドソリューションの活用を模索していくことになるだろう。IT管理者にとって、これは頭の痛い問題である。Oktaを導入し、ID管理を単一のプラットフォームに統合する以上、別の場所でもID管理を行うことは避けたいところである。OAGを導入

することで、ヘッダベースやURLベースによるでアクセス制御や、Kerberos認証[*1]を用いているレガシーなアプリケーションでも、**SSO**や**MFA**などのOkta製品を活用することが可能となる。

　レガシーなオンプレミスのシステムやソフトウェアとの連携をサポートするベンダは枚挙に暇がないが、大半のものは重厚長大なハードウェアやその維持、管理が欠かせない。冗長構成、管理作業、パッチ適用やシステムの更新といった各要件について、作業タイミング、ダウンタイム、万一の際の縮退運用といった課題を解決し、必要な設定を行っていく必要がある。

　VPNなどのリモートアクセス機構を用いることで、ユーザを必要なオンプレミスのシステムにアクセスさせること自体は可能となるが、こうした**WAM（Web Access Management）**ソリューション[*2]のコストはすぐに膨れ上がって莫大になるばかりか、一度設置すると廃止することも非常に難しい。実装には期間を要し、要件に沿って作り込まれてしまった結果、本来定型的な更新作業も個別作業となってしまい、システムの維持に非常に多くの工数を費やしてしまうことになりかねない。

　もちろん、運用環境に対するいかなる変更についても、事前に試験を行い、連携システムへの影響確認を行う必要がある点を忘れてはならない。このため、ソフトウェアやハードウェアの更新を適用していくために、すぐに大量のサーバを保持することが必要となってくる。

　まとめると、WAMベースのアーキテクチャは、大量のサーバ群と、ファイアウォールやロードバランサといったネットワーク機器を、**DMZ**、イントラネット、データセンタ内ネットワークにばらまくことが前提となっている。

　OAGにより、こうしたサーバやネットワーク機器を削減し、ハードウェア導入のオーバーヘッドを抑制するとともに、ユーザに対する単一の操作性を提供する。これにより、真のクラウドファースト戦略を実現し、こうした課題を解決する。OAGを中核に据えることで、各システムをOktaのSSOやMFAで保護し、セキュアなアクセスを提供することが可能となる。

　通常、WAMソリューションはミドルウェアとして構築されている。Oracle Access Manager、CA SiteMinder、Tivoli Access Manager/IBM Access、ADFSといった製品を想像してほしい。これらのシステムの大半は、オンプレミスのアプリケーションと連携している。

　オンプレミスのアプリケーションの挙動と、Oktaへの移行可否を確認していく上で、まずはOAGがどのような連携方式をサポートしているかについて見ていこう。

- ヘッダベース認証
- エージェントベース認証
- Javaアプリケーションサーバ
- **COTS（Commercial Off-The-Shelf）** とSaaSアプリに対するSAML認証
- **ERP**アプリケーション（E-Business Suite、PeopleSoftなど）

[*1]　［訳注］Oktaのドキュメントなどを参照する限り、いわゆるWindows統合認証の意味でKerberso認証という用語を使用していると思われる。

[*2]　［訳注］VPNとWAMは若干別の概念だと思われるが、ここでは同一の概念として用いられているようである。

WAMとアプリケーション間の連携がWAM独自のSDKを用いた作り込みのコードで実現されていた場合、Oktaとアプリケーションの連携は難しい。この場合、Oktaと直接連携させるには、アプリケーションを最新のオープンな標準（SAMLやOIDCなど）に対応させることが必要である。

大半の場合、こうした対応は非現実的であろう。その場合でも、OktaはWAMソリューションと連携し、統合的なサインインプロセスを提供することが可能である。

大半のWAMソリューションでは、ベンダのサイトでIDプロバイダと連携するための設定を確認できる。

重要システムへのアクセスを自前で管理するハードウェアやインフラに依存する状況の改善は重要な関心事であろう。OAGを導入してOktaに移行することはチャレンジであるが、やるに値する価値がある。WAMからOAGへの移行については、Oktaが提供しているガイドhttps://www.okta.com/resources/whitepaper/wam-modernization-and-migration-guide/を参照すること。

9.2　OAGの展開

OAGの展開は難しくないが、いくつかの要件がある。まずはOktaをADやLDAPといったオンプレミスのディレクトリと連携させることが必要である。さらに、どのアプリケーションがWAMと連携しており、Oktaと互換性があるかについては把握しておく必要がある。切り戻しの手順も必要であろう。そのため、すべてのサーバを同時に切り替えることは避けるべきである。Oktaは様々なことができるが、それでも試験は必須である。

OAG展開の最初のステップは、次に挙げる前提条件を確認していくことである。

- **ハードウェアの互換性**：OAGはx64命令セットのSSE4.2拡張を利用しているため、OAGを実行するサーバは、最低限上記の命令セットをサポートしている必要がある。SSE4についての詳細は、https://en.wikipedia.org/wiki/SSE4を参照してほしい。
- OAGはAmazon Web Services、Oracle Cloud Infrastructure、Oracle VirtualBox、Microsoft Azure、VMware vSphere、VMware Workstations上で実行できる[*3]。これらの環境上でサポートされているテクノロジは多岐に渡る。網羅的な一覧については、https://help.okta.com/oag/en-us/Content/Topics/Access-Gateway/support-matrix.htmを参照のこと。
- **Okta org**：Okta orgをIDプロバイダとして利用すること。OAG用のサービスアカウントと、OktaからのAPIトークン（生成にSuper Administrator権限が必要）を作成の上、OAGを設定

＊3　［訳注］本書翻訳時点では、Oracle VirtualBoxは運用環境としてはサポートされていないと明記されている。

する必要がある。

- **ネットワーク要件**：OAGは様々なポートやプロトコルで通信する必要がある。要件の一覧は、https://help.okta.com/oag/en-us/Content/Topics/Access-Gateway/deploy-pre-install-reqs.htm を参照のこと。
- **ロードバランサ**：OAGを冗長構成で運用する上では、ロードバランサが必要である。負荷分散はソースポートとIPアドレスのハッシュで行い、**SNAT**もしくは**DNAT**を用いる必要がある。コンシステントハッシュ法に関して理解したい場合は、https://en.wikipedia.org/wiki/Consistent_hashingの記述などを参考にしてほしい。

引き続き、OAGをインストールする環境を選定する。OktaはOAGを**VM**形式で提供しているため、初期設定作業や依存関係の考慮などは不要である。

高可用性が求められる場合は、追加のOAGノードをインストールして冗長構成にできる。この場合、管理ノードが構成され、設定の展開や管理を行う。新規追加されたOAGノードはワーカーノードと呼ばれ、管理ノードからプロビジョニングされる。ワーカーノードでは個別の設定は行われず、すべての設定は管理ノードから展開される。なお、正しく動作させる上では、ロードバランサの構成が必要である。

このようにしてOAGクラスタを構成することで、複数のノードでアプリケーションへのアクセスを処理することが可能となる。

引き続き、アプリケーション側の設定方式に目を移そう。Oktaは次のような連携方式をサポートしている。

- Cookieアプリケーション。クッキーをアプリケーションに引き渡す。
- ポリシーアプリケーション。ポリシーをチェックし、アクセスの可否を判定する。
- プロキシアプリケーション。アプリケーションホストに対するアクセスをシミュレートする。
- 独自のサードパーティアプリケーション。これらは独自の要件を持ち、独自の設定が必要である。

これらのアプリケーションの動作についての基礎的な知識を理解する上で、テンプレート化されたヘッダベースアプリケーションの構成について、次の節で説明する。

9.3　ヘッダベースアプリケーションの追加

環境の設定が完了し、Okta orgを**IdP**として設定したら、次のステップとして簡単なヘッダベースアプリケーションを追加してみよう。

1. OAGの管理コンソールにサインインする。
2. **Applications**をクリックし、さらに**+Add**をクリックする。

3. 左のメニューから追加可能なアプリケーション種別を一覧できる。Access Gateway Sample
   Headerをクリックし、右上にあるCreateボタンをクリックする。

これにより、次のようなアプリケーション追加ウィザードが開始される。

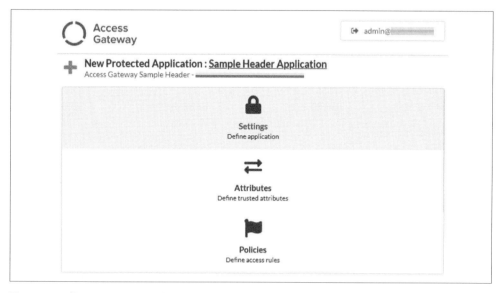

図9-1　OAG管理画面におけるアプリケーション追加ウィザード

Settingsをクリックして設定を開始しよう。まずは次の情報を入力する。

- Label：アプリケーション名。これはOktaのダッシュボードで表示名として使われる。
- Public domain：アプリケーションにアクセスする際のFQDN。DNSの設定も適宜行うこと。
- Protected Web Source：保護されるリソースのURL
- Post Login URL：オプションで、認証成功後にリダイレクトされるURLを設定できる。
- Groups：アクセス権を付与するOktaグループを指定する。
- Description：オプションで、説明を記述する。

Service Provider MetadataでShowをクリックすることで、メタデータの確認やダウンロードが
行える。この後、次のような高度な設定を行うことが可能である。

- Browser Session Expiration：アプリケーションのセッションをブラウザのセッション切れ
  に合わせて有効期限切れとするかどうかを設定する。デフォルトでは無効となっている。
- Idle Session Duration：ユーザが一定期間アイドル状態の時にアプリケーションセッション
  を切断するしきい値を設定する。デフォルトでは1時間となっている。
- Maximum Session Duration：アプリケーションセッションの有効期間の最長値を指定する。

デフォルトでは8時間となっている。0に設定すると、セッションのタイムアウトが無効化される。

- **Deep Linking**：サインイン後にアプリケーションのURIにブラウザをリダイレクトするかを制御する。デフォルトでは有効になっており、これを無効とした場合、サインインするとPost Login URLにリダイレクトされる。

- **Enforce Deep linking Domain**：有効な場合、Deep LinkingのURIとして同じドメイン名のURIだけを許可する。デフォルトは有効である。

- **Content Rewrite**：アプリケーションのHTMLコンテンツ内にリダイレクトされるようにURLを書き換えるかどうかを制御する。デフォルトでは有効である。

- **Host header**：有効にすると、OAGはバックエンドのアプリケーションにHostヘッダを送信するようになる。

- **Certificate Type**：ホスト指定の証明書を作成するか、ワイルドカード証明書を作成するかを指定する。デフォルトでは有効となっており、ホスト指定の証明書が作成される。

- **Debug mode**：アプリケーションがデバッグモードとなる。これは初期設定やトラブルシューティングの際に有用であり、デフォルトで有効となっているが、運用環境ではパフォーマンスに顕著な影響を及ぼすため無効とすべきである。

- **Maximum File Upload Size**：最大アップロードサイズを制御できる。デフォルトでは1MBとなっているが、0を設定すると無制限となる。

- **Backend Timeout duration**：バックエンドのシステムに対するタイムアウト値を設定する。デフォルトでは1分となっている。

次にアプリケーションの属性を設定する。これらはOktaテナントやデータストアを情報源とすることが可能であり、OAG上でそれらを編集、削除、テストすることが可能である。各属性ごとに、情報源となるデータストアを選択する。IdPを選択した場合、さらに情報源としたいフィールドの属性名を指定する。Staticを選択した場合は、直接値を設定する。データストアについての詳細は、https://help.okta.com/oag/en-us/Content/Topics/Access-Gateway/about-application-attribute-datasources.htmを参照のこと。

引き続き、OAGで新規に設定したアプリケーションを実際のアプリケーションのURLに割り当てる。OAGの管理コンソールで、**Application**テーブルをクリックし、新規に作成したヘッダベースアプリケーションの横にあるペンのアイコンをクリックする。**Essentials**設定から、**Public Domain**と**Protected Resource**フィールドを実際のアプリケーションのURLに変更すること。

さらに、**Groups**フィールドで、Okta org上でアプリケーションにアクセス権を与えるグループを指定する。要件に合致するOktaグループが存在しない場合は、「5章　LCM（Life Cycle Management）による処理の自動化」での説明に従って、Oktaの管理コンソールでグループを作成すること。

Advancedタブから、属性やポリシーをさらに追加することも可能である。詳細については、https://help.okta.com/oag/en-us/Content/Topics/Access-Gateway/add-generic-header-app.htmを参照してほしい。

ここまで設定したら、アプリケーションをテストしよう。まずは、次のようにして試験用ユーザにアプリケーションを割り当てる。

1. Okta orgにサインインして、管理コンソールを開く。
2. Applications⇒Applicationsに移動し、新規に作成したヘッダベースアプリケーションを検索する。
3. Assignmentタブから、アプリケーションを試験用ユーザに割り当てる。
4. Doneをクリックする。

次に、OAGの管理コンソールに戻って、新規に作成したヘッダベースアプリケーション行で、アプリケーションのアイコン（ドアと矢印の組み合わさったもの）をクリックし、ドロップダウンリストからIdP Initiatedを選択する。結果ページですべての属性が期待通りになっていたら、クローズする。

以上で、アプリケーションの設定は完了した。ついで、OAGを管理する上で管理者が知っておくべき事項について説明する。

9.4　OAGの管理

展開後のOAGの管理については、若干期待を裏切ることになるかもしれない。他の製品と異なり、OAGはオンプレで動作するため多くの事項を考慮する必要があり、管理者としてそれらを検討する必要がある。

展開したOAG環境のバックアップとリストアは、検討が必要な管理業務の1つである。OAGを展開した直後の状態の完全なスナップショットを取得できるため、VMイメージベースのバックアップ取得が良いだろう。

夜間帯に、OAGの管理ノードが設定のバックアップを作成する。管理コンソールからバックアップの参照や管理が可能であり、例えばリネームしたり、以前のバックアップをリストアしたり、バックアップを別の場所に格納したりすることもできる。

OAGは様々なイベントをログに記録している。これらはOktaのシステムログと同様にダウンロードすることが可能である。また、外部のログシステムに転送して、ログを集中管理することもできる。

OAGはトラブルシューティングなどの用途でログレベルを変更することも可能である。もっとも、運用環境で大量データを生成するようなログレベルは望ましくないであろう。

高可用性の実現は、ユーザがアプリケーションへアクセス可能な状態を維持する上での最重要課題の1つである。これを実現する上では、複数のワーカーノードがアプリケーションのリクエスト

を処理できる必要がある。ワーカーノードの管理は管理ノードで実施する。

　高可用性を実現する方式はいくつか存在するため、要件に最も合致する方式を採用することが望ましい。各方式の詳細は、https://help.okta.com/oag/en-us/Content/Topics/Access-Gateway/high-availability-concepts.htmを参照のこと。

　管理ノードの再割り当て（renomination）は、最新版の新規ノードをクラスタに追加するための手法である。追加された新規ノードが管理ノードの役割を引き継ぐことで、一連の切り替え処理が適切に実施されるようにする。処理が完了すると、新しい管理ノードが単体で機能し、古い管理ノードの廃止が可能となる。

　この処理は、複数のタスクから構成されるが、最低限必要なのは次のタスクである。

- 新しい管理ノードとなるワーカーノードの準備
- 管理ノードの準備[*4]
- OAGの管理コンソール上での新旧両ノードへの接続と、再割り当て処理の開始
- 管理コンソール上での新しい管理ノードへの接続と、IPアドレスの特定
- 新しい管理ノードのDNSエントリの更新

　詳細については、Oktaのヘルプhttps://help.okta.com/oag/en-us/Content/Topics/Access-Gateway/about-admin-renomination.htmを参照のこと。

　この他、OAGの管理目的で、次のような機能が用意されている。

- OktaサポートによるVPN接続経由でのアクセス
- SNMPによるデバイス状況の監視
- 最新版へのノードのアップグレード
- 証明書の管理
- ネットワークインタフェースの管理
- 信頼済ドメインの管理

　各機能の具体的な設定は、環境やインフラに依存する。

　実際の環境に応じて必要となる設定を確認する上で、Oktaのヘルプセンターhttps://help.okta.com/oag/en-us/Content/Topics/Access-Gateway/daytoday.htmからたどれる各節に一通り目を通すことを強く推奨する。

9.4.1　まとめ

本章は、OAG周りの機能、設定、管理について説明していることもあり、他の章とは少し趣を異

[*4]　［訳注］OktaのWebサイトを確認する限り、具体的には現管理ノードを再割り当てをサポートしているバージョンへアップグレードし、クラスタ管理用のパッケージをインストールする必要があるようである。

にしている。これが要件に合致していれば、レガシーなオンプレミスのアプリケーションを残しつつ、ゼロトラストへの道を歩む一助となるだろう。あらためて、本章ではまずWAMの概念について説明し、これをOktaがどのように変革していこうとしているかについて示した。さらにOAGを各自の環境に展開し、管理していく方法について説明し、最後にヘッダベースアプリケーションの実装を通じて、OAGを活用していく方法について紹介した。

これで本書は完結する。読者が、本書から有益な情報を見出すことを願っている。Okta初心者であっても熟練者であっても、何らかの学びがあったことを願っている。本書を資格試験の教材として用いたのであれば、朗報を祈っている。コメントや何らか伝えたいことがあれば、ぜひ教えてほしい。いざ、Okta探索の旅に幸あれ。

索引

や行

ら行

わ行

●著者紹介

Lovisa Stenbäcken Stjernlöf （ロヴィーサ・ステンベッケン・ステアンロフ）

Devoteamで4年以上にわたって様々なクラウドベンダと協業してきた。プロジェクトマネージャとしての業務を始めるにあたり、G SuiteとSalesforceの資格を取得したことが、Oktaを含むクラウド環境の設定のサポートを行う契機となった。現場業務に加え、彼女は人事及び予算管理の経験も有している。Oktaの実装経験とOkta Certified Professionalを武器に、彼女は現在もDevoteamでOkta事業をリードしている。

HenkJan de Vries （ヘンクジャン・デ・ブリ）

Oktaに関する広範囲な経験を有し、5年以上にわたりOktaのパートナーエンジニアとして経験を積んできた。数多くのOktaユーザに対して設定やサポートを行ってきた中で、企業の日々の運用から長期的な展望まで、企業で求められる要件を幅広く理解している。現在、彼は顧客がOktaの機能を十分に活用できるようにするための戦略的なサポートを行っている。彼は認定コンサルタントであり、現在はOktaの専門的なSME（Subject Matter Expert）グループにも所属している。業務以外でも、彼はコミュニティでユーザのサポートを行っており、その功績により2019年にOkta Adocate、2020年にはOkta Community Leaderに任命されている。

●原書査読者紹介

Mike Koch （マイク・コック）

某グローバル小売業者のシニアシステムエンジニアであり、IT領域で30年以上にわたって活動してきた。最初はAS/400システムのRPGやCOBOL言語のプログラマとして、その後はWindows Serverシステムのエンジニアとして、主にActive DirectoryやExchange Serverの管理を行ってきた。ID管理の領域に足を踏み入れたのは、勤務先の企業でADFSからOktaへの切り替えを行った際に、この領域の技術に興味を持ったことが契機である。Microsoft（以前のMCSE）とOkta（ProfessionalおよびAdministrator）の認定資格を有し、企業におけるOktaおよびActive Directory、Exchange、Office 365のハイブリッド環境の中核となる人材として日々の業務を行っている。2020年には、Oktaフォーラムでの貢献やOktaコミュニティ内で知識や経験を共有していこうとする姿勢が認められ、Okta Community Leadersプログラムの一員に加えられた。ツイッター上では@mikekochで活動している。

Ivan Dwyer （イヴァン・ドワイヤー）

Oktaの新製品に関するプロダクトマーケティング部門を率いている。Oktaに入社する前は、ゼロトラスト技術のパイオニアであり、2018年にOktaに買収されたScaleFTのマーケティングを率いていた。大規模な環境に対応したゼロトラストの実例であるGoogleのBeyondCorpの黎明期からの賛同者であり、セキュリティ、クラウド、DevOpsといった領域での講演や執筆を精力的にこなしている。

●訳者紹介

髙橋 基信（たかはし もとのぶ）

株式会社NTTデータコーポレート統括本部ITマネジメント室所属。1993年早稲田大学第一文学部卒。同年NTTデータ通信株式会社（現・株式会社NTTデータ）に入社。入社後数年間Unix上でのプログラム開発に携わったあと、オープン系システム全般に関するシステム基盤の技術支援業務に長く従事。Unix、Windows両OSやインターネットなどを中心とした技術支援業務を行う中で、Active Directoryをはじめとする認証基盤についての造詣を深める。現在はNTTデータにて社内認証基盤の企画、構築に従事する傍らで、出版活動や長年の趣味である声楽を楽しんでいる。主な著訳書として『【改訂新版】サーバ構築の実例がわかる Samba［実践］入門』（技術評論社）、『［ワイド版］Linux教科書 LPICレベル3 300 試験』（翔泳社）、『実践 パケット解析 第3版』（監訳、オライリー・ジャパン）、『マスタリングNginx』（翻訳、オライリー・ジャパン）、『実用 SSH 第2版』（共訳、オライリー・ジャパン）、『実践 bashによるサイバーセキュリティ対策』（翻訳、オライリー・ジャパン）があるほか、雑誌等への寄稿は多数。

マスタリング Okta
IDaaS 設計と運用

2021年12月24日　　初版第1刷発行

著　　　者	Lovisa Stenbäcken Stjernlöf（ロヴィーサ・ステンベッケン・ステアンロフ） HenkJan de Vries（ヘンクジャン・デ・ブリ）	
訳　　　者	髙橋 基信（たかはし もとのぶ）	
発　行　人	ティム・オライリー	
制　　　作	株式会社スマートゲート	
印刷・製本	日経印刷株式会社	
発　行　所	株式会社オライリー・ジャパン	
	〒160-0002 東京都新宿区四谷坂町12番22号	
	Tel (03) 3356-5227	
	Fax (03) 3356-5263	
	電子メール　japan@oreilly.co.jp	
発　売　元	株式会社オーム社	
	〒101-8460　東京都千代田区神田錦町3-1	
	Tel （03）3233-0641 （代表）	
	Fax （03）3233-3440	

Printed in Japan（ISBN978-4-87311-971-7）